(a) 俯视图　　　　　　　　　　　　　　　　(b) 斜视图

图 2-5　实验区一 LiDAR 数据

(a) 俯视图　　　　　　　　　　　　　　　　(b) 斜视图

图 2-6　实验区二 LiDAR 数据

(a) 俯视图　　　　　　　　　　　　　　　　(b) 斜视图

图 2-7　实验区三 LiDAR 数据

(a) 实验区一影像

(b) 实验区二影像

(c) 实验区三影像

图 2-8 实验区影像数据

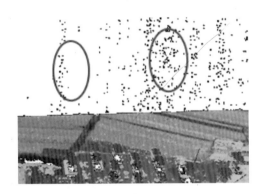

图 3-1 LiDAR 数据的噪声点

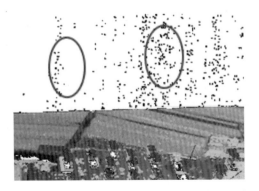

(a) 实验区一点云去噪前后对比

(b) 实验区二点云去噪前后对比

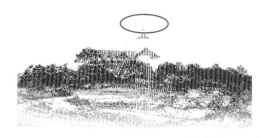

(c) 实验区三点云去噪前后对比

图 3-3　实验区点云数据去噪前后对比

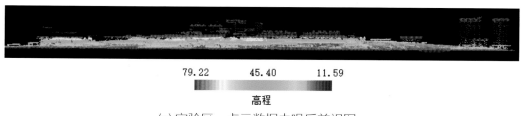

| 79.22 | 45.40 | 11.59 |

高程

(a) 实验区一点云数据去噪后前视图

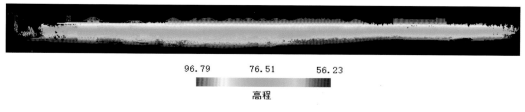

| 96.79 | 76.51 | 56.23 |

高程

(b) 实验区二点云数据去噪后前视图

| 289.800 | 261.161 | 221.160 |

高程

(c) 实验区三点云数据去噪后前视图

图 3-4　实验区数据去噪后前视图

图 3-7　实验区一和实验区二 GF-2 影像数据预处理结果

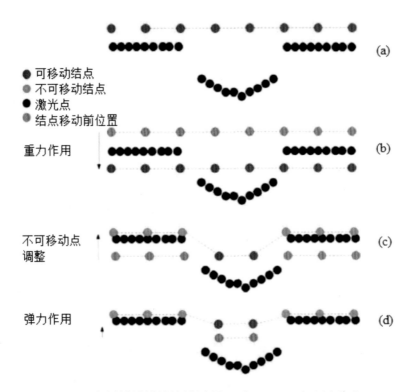

图 4-1　布料模拟算法滤波过程（Zhang et al, 2016b）

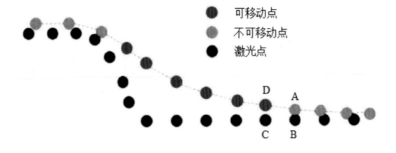

图 4-2　坡度后处理示意图（Zhang et al, 2016b）

(a) 实验区一地面点数据

(b) 实验区一非地面点数据

79.22　　45.40　　11.59
高程

(c) 实验区一地面点数据前视图

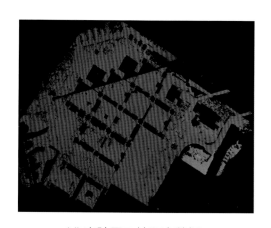

(d) 实验区二地面点数据

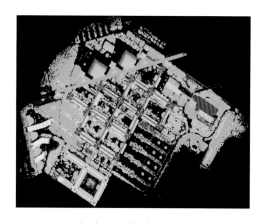

(e) 实验区二非地面点数据

96.79　　76.51　　56.23
高程

(f) 实验区二地面点数据前视图

(g) 实验区三地面点数据　　　　　　　　(h) 实验区三非地面点数据

289.800　　261.161　　221.160
高程

(i) 实验区三地面点数据前视图

图 4-3　实验区滤波处理结果

(a) 无人机影像　　　　　　　　　　　(b)CSF 滤波处理结果

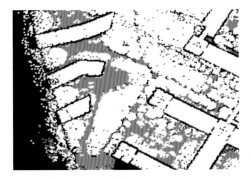

(c) 形态学滤波处理结果　　　　　　　　(d) 坡度滤波处理结果

图 4-4　三种滤波算法处理结果对比（白色为非地面点，黄色为地面点）

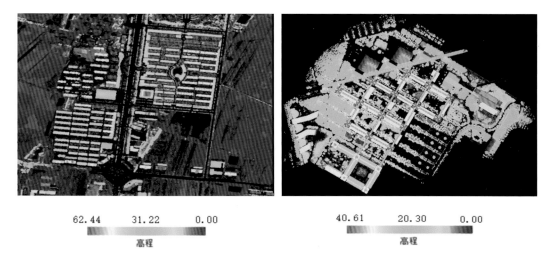

62.44　　31.22　　0.00
高程

40.61　　20.30　　0.00
高程

图 4-8　实验区 nDSM 数据

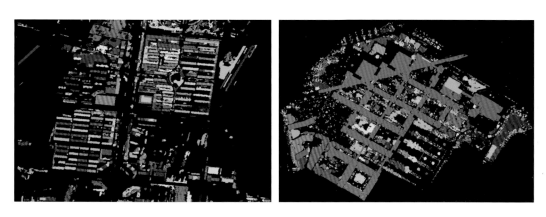

图 4-9　实验区点云数据分割结果

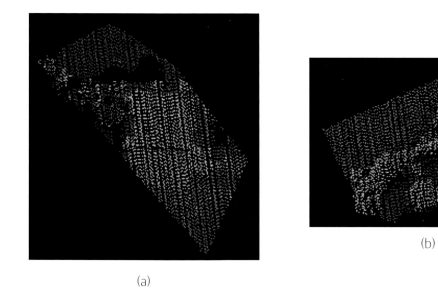

(a)

(b)

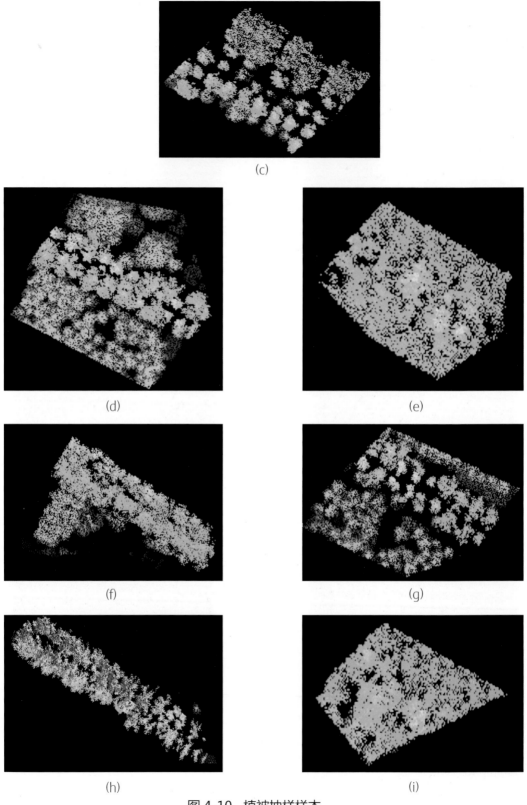

图 4-10 植被抽样样本

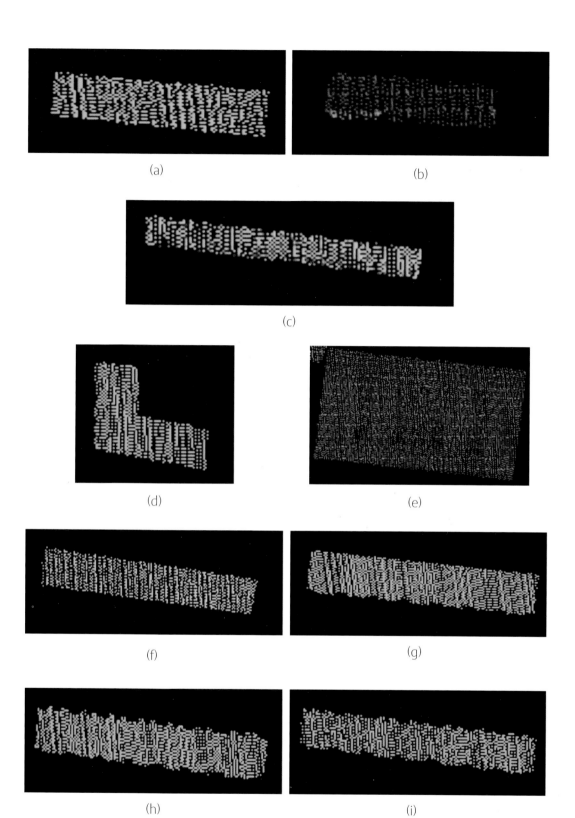

图 4-12　建筑物抽样样本

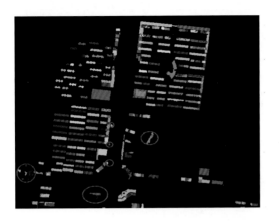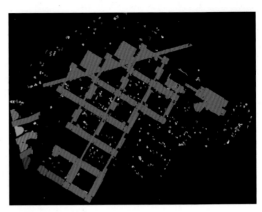

图 4-14　实验区建筑物提取结果

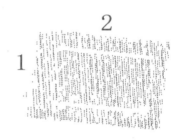

(a1)

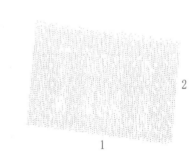

(a2)

(a3)

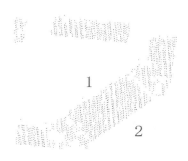

(a4)

（a）实验区一抽样建筑物

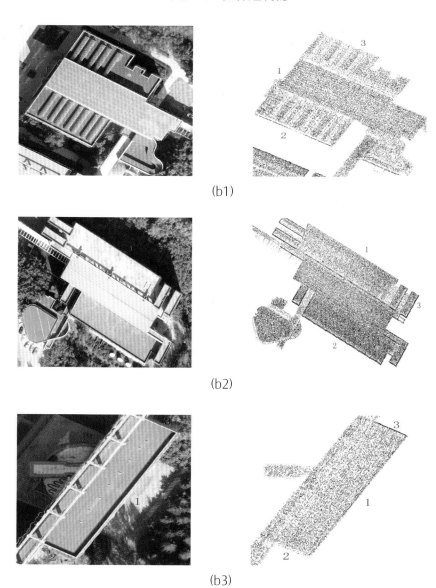

(b1)

(b2)

(b3)

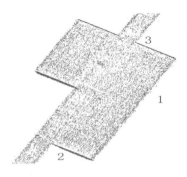

(b4)

（b）实验区二抽样建筑物

图 4-15　实验区抽样建筑物

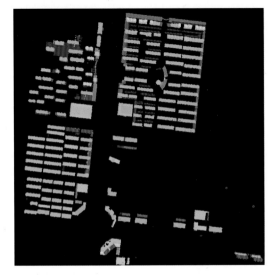

图 4-21　实验一建筑物点云提取结果

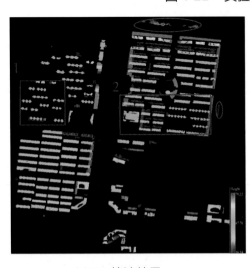

(a)TIN 算法结果　　　　　　　　　　　　　　　(b)K-means 算法结果

图 4-22　实验区一 TIN 和 K-means 算法结果

(a) 基于正射影像的抽样样本

(b) 本书算法处理的抽样样本

(c)TIN 算法处理的抽样样本

(d)K-means 算法处理的抽样样本

图 4-24　三种算法处理的抽样样本结果

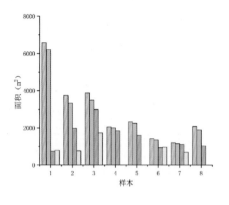

(a) 三种算法样本检测面积

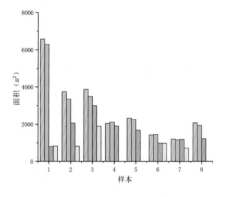

(b) 三种算法样本重叠面积

■ 参考面积　■ 本文方法　■ TIN　□ K-means

图 4-25　样本各算法检测面积与重叠面积对比

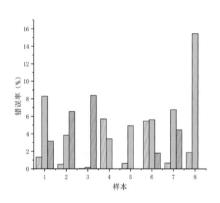

(a) 三种算法错误率

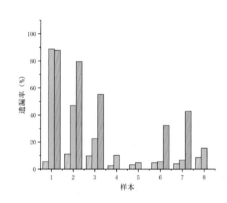

(b) 三种算法遗漏率

■ 本书方法　■ TIN　■ K-means

图 4-26　三种算法错误率和遗漏率柱状图

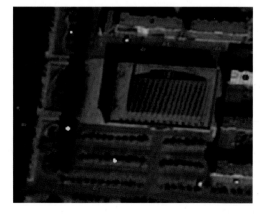
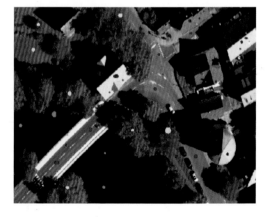

图 5-3　实验区部分训练样本分布

(a) 实验区一 ML 分类结果

(b) 实验区一 SVM 分类结果

(c) 实验区三 ML 分类结果

(d) 实验区三 SVM 分类结果

图 5-4　实验区主要基础地理信息分类

 道路 植被 建筑物 水体 其他

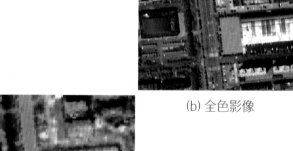

(b) 全色影像

(a) 多光谱影像

(c) 融合后影像

图 5-7　GF-2 多光谱影像、全色影像和融合后影像

(a)Brovey 融合结果

(b)PC 融合结果

(c)GS 融合结果

(d)HPF 融合结果

(e) 小波变换融合结果

(f) 乘积变换融合结果

图 5-11　数据融合结果

(a) 实验区一 ML 分类结果

(b) 实验区一 SVM 分类结果

(c) 实验区三 ML 分类结果

(d) 实验区三 SVM 分类结果

图 5-12　融合点云参数的实验区分类结果

道路　　植被　　建筑物　　水体　　其他

城市主要基础地理信息提取研究

刘茂华　王洪伟　白芷绮　著

Research on the Extraction
of Urban Basic Geographic Information

化学工业出版社
·北京·

内容简介

城市基础地理信息变化是一个重要研究方向，准确、快速地获取其统计信息，是土地利用、国土空间规划、数字城市建设、地理信息数据库更新等的重要支撑。近年来随着对地观测技术的发展，利用遥感技术获取和分析城市基础地理信息数据变化规律，已经成为城市发展决策的重要技术手段。城市基础地理信息具有复杂性和多样性，单一光学遥感数据受光谱分辨率、空间分辨率等影响，难以满足其有效提取的需要。机载 LiDAR 技术是一种典型的主动遥感技术，能够有效探测云下、阴影等区域的地物覆盖，同时与全球卫星导航系统（GNSS）、惯性测量单元（IMU）结合，高效获取三维点云数据、强度数据和回波信息等。本书通过文献研究、实验、定量分析等研究方法，探讨将机载 LiDAR 数据与高分辨率遥感影像数据结合，根据建筑物、道路、植被和水体等城市主要基础地理信息的不同特点，实现有效分类提取，为开展城市土地利用分析、国土空间规划、基础地理信息数据更新等提供参考。

本书适合于地理信息系统、测绘、遥感等相关专业研究生、本科生作为专业文献阅读，同时也适合于测绘和地理信息生产单位作为实践参考资料。

图书在版编目（CIP）数据

城市主要基础地理信息提取研究/刘茂华，王洪伟，

白芷绮著. —北京：化学工业出版社，2022.6

ISBN 978-7-122-41140-2

Ⅰ. ①城…　Ⅱ. ①刘…②王…③白…　Ⅲ. ①城市

地理-地理信息系统-信息处理-研究　Ⅳ. ①P208

中国版本图书馆 CIP 数据核字（2022）第 061517 号

责任编辑：李玉晖　石　磊　　　　　　　文字编辑：王可欣　师明远
责任校对：宋　夏　　　　　　　　　　　装帧设计：张　辉

出版发行：化学工业出版社（北京市东城区青年湖南街 13 号　邮政编码 100011）
印　　装：涿州市般润文化传播有限公司
710mm×1000mm　1/16　印张 6¾　彩插 8　字数 114 千字　2022 年 6 月北京第 1 版第 1 次印刷

购书咨询：010-64518888　　　　　　　　售后服务：010-64518899
网　　址：http://www.cip.com.cn
凡购买本书，如有缺损质量问题，本社销售中心负责调换。

定　　价：58.00 元

前言

　　城市基础地理信息主要是指通用性最强、共享需求最大、几乎为所有与地理信息有关的行业采用，作为统一的空间定位和进行空间分析的基础地理单元，主要由自然地理信息中的地貌、水系、植被以及社会地理信息中的居民地、交通、境界、特殊地物、地名等要素构成。基础地理信息是国家经济建设、社会发展、国防建设和生态保护中重要的基础性和战略性信息资源。对基础地理信息数据库进行持续快速更新，是我国基础测绘工作的重要内容，也是土地利用与土地管理重要的需求。机载 LiDAR 技术是一种典型的主动遥感技术，可进行全天候、多时相的数据获取，而且激光点云对植被具有一定的穿透能力，某种程度上可解决由于植被遮挡造成的数据缺失，提高了地面表达的精准性。机载 LiDAR 技术的缺点是缺少地物纹理特征，在地物表达上缺乏直观性，因此本书将机载 LiDAR 数据与高分辨率遥感影像数据结合，根据城市建筑物、道路、植被、水体等主要基础地理信息的不同特点，实现有效分类和提取。利用点云数据提取建筑物，将 LiDAR 数据高程信息与高分辨率影像结合提取植被、道路、水体，经验证均有较好效果。

　　本书由沈阳建筑大学刘茂华副教授、辽宁有色勘察研究院有限责任公司王洪伟高级工程师、辽宁省自然资源事务服务中心白芷绮高级工程师著。本书编写过程中得到了相关领域专家和学者的大力支持，特别鸣谢沈阳农业大学汪景宽教授、浙江农林大学尹潇博士、武汉大学焦振航博士，感谢沈阳建筑大学邵悦、韩梓威、李曼雯、陈晗琳、罗思琪、吴冬对本书的贡献。本书中阐述的内容难免会有不足之处，恳请各位读者朋友给予指正，不胜感激。

作者

2022 年 3 月

目录

第1章
绪　论

1.1　研究背景及意义

1.1.1　城市土地利用

土地利用与土地覆盖变化（land-use and land-cover change，LUCC）一直是世界各国研究的热点问题和前沿问题，特别是近百年来，世界政治经济环境变化不定、错综复杂，世界人口数量极速增长，土地开发利用资源有限且严重不平衡。因此如何准确地掌握土地利用变化，科学有效地利用土地资源已经成为世界各国最关心的问题之一。

自改革开放以来，我国工业发展迅速，人们利用和改造自然环境的能力日益提高，社会经济快速增长，城市用地面积日益扩张，大量人口不断从农村向城市转移，城镇化速度不断加快。著名的经济学家 StiglitZ. 曾经指出："在 21 世纪，中国的城市化进程是影响着世界进程以及改善世界面貌的两件要事之一。"（新玉言，2013）然而，在城市数量快速扩张的过程中，城市化的质量问题也逐渐凸显出来。近些年来，我国城市用地结构呈现中心商业用地、建筑用地密集，周边工业用地分散的特点，工业用地外迁、卫星城市分摊的现象较多，自然资源的开发和利用明显，生态用地和生态环境功能削弱。由于在发展过程中忽略了土地的开发利用方式，城市土地利用出现利用率低、闲置现象突出、土地用途不合理等一系列问题。在我国经济转型的大背景下，土地资源利用的合理性关系到国民经济的可持续发展，每座城市都需要根据城市土地的实际情况，节约集约利用土地，提升城市土地利用效率，均匀分配土地资源，加强城市用地结构的合理性，平衡人类在日常生产和生活中的用地需求与自然的可持续绿色发展之间的关系，实现城市化数量与质量的有机结合。因此，对城市土地利用的研究是具有重要意义的课题，通过分析城市土地利用和社会经济发展之间的关系，针对不同的地物（如建筑物、地面、道路、植被和水）规划因地制宜、科学合理的土地利用方案，更好地促进城市经济健康发展，为相关政府部门管理土地、制定土地利用政策以及提高土地利用效率提供科学参考。

1.1.2 基础地理信息

基础地理信息主要是通用性最强、共享需求最大，几乎为所有与地理信息有关的行业采用，作为统一的空间定位和进行空间分析的基础地理单元，主要由自然地理信息中的地貌、水系、植被以及社会地理信息中的居民地、交通、境界、特殊地物、地名等要素构成（肖昶等，2012）。基础地理信息是国家经济建设、社会发展、国防建设和生态保护中重要的基础性和战略性信息资源。对基础地理信息数据库进行持续快速更新，是我国基础测绘工作的重要内容，也是土地利用与土地管理重要的需求。与城市地物相对应的主要面状基础地理信息包括建筑物、道路、植被、水体等，本书以上述四种主要城市基础地理信息为研究对象。

我国基础地理信息按照比例尺的不同划分为不同级别，如图 1-1 所示，其中 1∶1000000、1∶250000 和 1∶50000 为国家级，由国家基础地理信息中心负责管

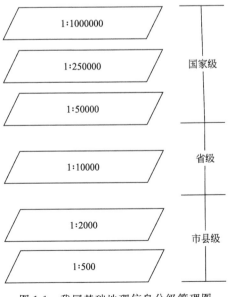

图 1-1　我国基础地理信息分级管理图

理与更新；1∶10000 由各省级自然资源事务服务中心负责；1∶2000 和 1∶500 由市县级自然资源事务服务部门负责。

1.1.3 对地观测技术

对地观测是以地球环境和人类活动为研究对象，依托卫星、飞船、航天飞机、飞机以及近空间飞行器等空间平台，利用可见光、红外线、高光谱和微波等多种探测手段，获取信息、进行处理并形成产品（周志鑫等，2008）。将卫星通信技术、全球卫星导航系统（global navigation satellite system，GNSS）、遥感（remote sensing，RS）技术和地理信息系统（geographic information system，GIS）等与其他高新技术紧密结合，形成有效的对地观测、对空观测的空间探测体系（姜景山，2006）。通过对地观测技术，人们能够不断地、快速地获取地球表面地物随时间变化的几何和物理信息，指导合理地利用和开发土地资源，有效地保护和改善生态环境，积极地防治和抵御各种自然灾害，不断地改善人类生存和生活的环境质量，实现经济和社会可持续发展（李海峰和郭科，2010）。

近年来随着科技的飞速发展，传感器分辨率不断提高，卫星的设计注重平台大角度快速姿态机动能力，处理过程趋向自动化和智能化，也促使全定量化遥感方法开始走向实用，建筑物、道路、植被、水体和地面等地物信息特征的提取速度和准确率，进一步提高。

（1）遥感

遥感即遥远的感知，是指在不接触物体的情况下，通过传感器获得物体电磁波辐射或反射信息，并以影像、图像等形式表示结果的技术（彭望琭，2002），如图1-2 所示。

遥感根据所携带的传感器及其所获取的影像信号类型的不同，可分为可见光全色遥感、红外遥感、多光谱遥感、高光谱遥感、微波（雷达）遥感等；根据成像的几何特性分为双视（立体）成像、单视（非立体）成像、框幅式成像、扫描式成像、激光扫描成像等（林宗坚等，2011）。

自 20 世纪 90 年代起，遥感技术向着高空间分辨率、高光谱分辨率、高时间分辨率的方向发展，世界上很多国家拥有自主知识产权的卫星或空间飞行器，将对地观测成果逐渐商业化和民用化。当前高分辨率遥感影像已经广泛应用于专题解译、目标提取等，高光谱分辨率影像和高时间分辨率影像也逐渐被应用于地物信息变化检测。与中、低空间分辨率影像相比，高分辨率影像覆盖范围广、数据更新速度

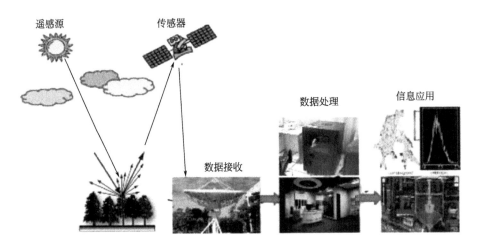

图 1-2　遥感原理及应用

快，能够表达更加丰富的地物细节信息和更加复杂化的地物类型信息，在地表覆盖物检测、防灾减灾、国土空间规划、专题地图数据采集等领域有广泛应用。

（2）激光雷达

激光雷达（light detection and ranging，LiDAR）是 20 世纪末发展起来的一种通过探测远距离目标的散射光特性来获取目标信息的主动遥感技术，是激光扫描测距技术、高精度动态 GNSS 差分定位技术、高精度动态载体姿态测量技术以及计算机技术迅速发展的集中体现。LiDAR 具有精确、快速、实时、非接触获取大范围地表和地物密集采样点三维信息的优势，广泛深入地应用于地形测绘、城市三维建模、城市变化检测、城市道路检测与规划、土地利用分类、海岸带监测等领域中（王竞雪等，2019；于洋洋，2020）。

① LiDAR 分类。根据搭载平台的不同，LiDAR 系统可分为星载 LiDAR 系统、机载 LiDAR 系统和地面 LiDAR 系统等。星载 LiDAR 系统是以卫星作为平台的激光测高系统；机载 LiDAR 系统是指搭载于飞机等中低空飞行器平台的航空测量系统；地面 LiDAR 系统分为移动式和固定式两种，其中移动式 LiDAR 又包括车载、船载等形式。本书的研究内容是针对大范围区域的机载平台的数据，机载 LiDAR 系统的工作原理如图 1-3 所示。

② LiDAR 特点

a. 具有一定的植被穿透能力。激光雷达系统的一项重要特性就是其扫描光束可以穿过植被并获取到地表的几何信息，这使得从植被覆盖区域提取地表面成为可能。利用此功能，可以将获取到的测区点云分类为地面点和非地面点，进而可以进

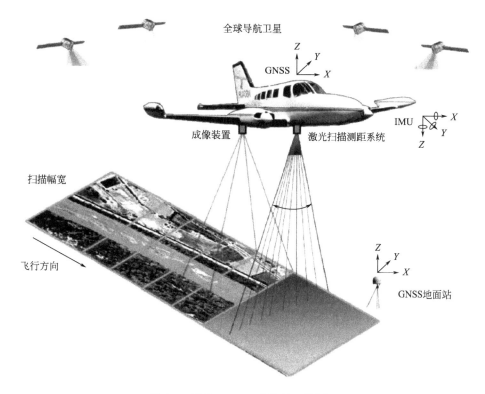

图 1-3　机载 LiDAR 系统的工作原理

行点云滤波或生成数字地形模型（digital terrain model，DTM）、数字表面模型（digital surface model，DSM）、数字高程模型（digital elevation model，DEM）等产品（李强，2019）。

b. 与森林生物物理结构的强相关性。激光雷达能够一定程度上穿透植被覆盖达到地面，因此获得不同强度和多次回波信息，进而有效表征植被冠层和垂直结构以及地面反射信息。该优势有效避免了传统遥感数据在森林高生物量区的信号饱和，并能够有效监测植被生长情况，为森林碳储量计算、植被生物量评估以及生态环境监测等提供了新的技术手段（尤号田，2017）。

c. 为构建数字化三维模型提供基础。激光雷达技术可以高效、准确地获取带有三维几何信息的地面目标的点云数据，利用这些数据可以构建地物的数字化三维模型。该手段有效避免了摄影测量方法只获取影像信息，需要人工确定地面标靶、控制点等问题，并为数字城市建设、城市信息模型 CIM 和数字城市孪生的建立，提供了新的解决思路（王瑶瑶，2019）。

1.1.4 本书主要内容的价值与意义

对地观测技术的发展为城市基础地理信息探测、统计、监测等提供了有力的技术支持。本书主要内容是基于多源数据结合探讨建筑物、道路、植被和水体等城市主要地理信息分类提取方法，主要应用价值与意义包括：

① 多源数据结合为城市主要基础地理信息分类提取提供新思路。多源数据结合有利于不同来源、不同形式和不同特点的数据之间相互弥补、增强数据的可读性。根据不同地物特征，采用 LiDAR 数据的高程、强度和回波等信息与高分辨率影像的光谱分辨率、空间分辨率等参数相结合，能够有效提取地物、计算植被覆盖度、统计自然资源涵养量等，在国土资源调查分类以及国土空间规划中发挥作用，成为土地利用信息技术重要组成部分，进而为农业资源与环境研究提供新的思路。

② 应用点云数据提取建筑物信息，解决高大植被与建筑物混生不易区分的问题。城市基础地理信息具有复杂性和多样性，不同类别交错分布，特别是建筑物与植被混生情况较多，影像数据提取建筑物精度时常受到高大植被影响。激光雷达点云数据在植被与建筑物的表达形式上存在明显的形态差异，同时同一扫描线上的不同地物类别反映出的点云分布亦有所不同，本书从数据形态和机理上有效解决建筑物提取受周边高大植被影响的科学问题。

1.2 国内外发展现状

1.2.1 城市土地利用理论及数据获取

国外关于城市土地利用问题的研究可以追溯到 20 世纪初期。1906 年 E. W. Burgess 提出了著名的"同心圆"理论，将城市划分为 5 个同心圆区域。随着城市的不断扩张，各个区域动态地向其他区域延展，以扩大自己的区域范围，进而形成了一个完整的城市发展与土地利用关系的模型，同时揭示了城市扩张与土地利用相互作用的事实。基于此理论，1939 年 Homer Hoyt 提出了"扇形理论"，将城市设定为只有一个中心的近似圆形，从城市中心出发，向外扩散出不同方向、不同类型的交通线路，这个线路网会随着城市人口的增加而不断向外扩大，从而形成轴状延伸的扇形。该理论模型得出"在有同类土地使用的基础上，任何土地的使用都是从城市中心不断向外拓展，并最终停留在一个扇形的范围之内"的结论（叶锦远，1985）。

随着西方国家工业化和城市化进程的推进，20 世纪 90 年代开始，城市出现无序蔓延的现象，为城市交通、公共服务和土地资源等多个方面带来了重大的压力。为了解决这个问题，欧洲学者和美国学者相继提出"紧凑城市理论（compact city）"和"精明增长理念（smart growth）"，为城市空间的合理规划和土地利用的可持续发展提供了重要见解（唐相龙，2008）；2009 年，Verburg 和 Overmars 以欧洲土地为研究对象，构建了"自上而下"与"自下而上"相结合的 CLUE-s 土地利用配置模型，证明了植被的生长与农地需求之间的相互作用能够影响土地利用变化（Verburgand Overmars，2009）；2011 年 Hermosilla 等基于 LiDAR 数据和航空高空间分辨率影像，以邻接、几何、植被和城市形态为特征因素，对城市土地进行分类，揭示了土地利用效率不仅受社会经济功能影响，还与城市中相邻建筑物的形状与大小有关的规律（Hermosilla et al，2011）；2016 年 Mohammadi 等人采用禁忌搜索、GRASP、遗传、模拟退火算法等优化分配城市土地，提出了基于线性规划和混合运算的 LLTGRGATS 算法，解决了小型和大型土地类型占用土地单元的排列分配问题，提高了土地利用效率（Mohammadi et al，2016）。

国内对于土地利用分类的研究稍晚一些。1981 年中国科学院南京土壤研究所的学者徐彬彬利用云南腾冲光谱试验区的室内外资料，基于土壤的波谱反射特性，应用主组元分析对土壤和土地利用进行了分类，为土壤遥感的数据处理提供了较为有利的途径（徐彬彬，1981）；2001 年程昌秀博士提出了一种"3S"土地利用变更调查技术，以 RS 获取大地面积空间信息、GPS 精确修正遥感数据、GIS 更新或存储空间数据。工作实践表明，该技术能够有效缩短工期、降低费用、提高调查精度（程昌秀，2001）；2008 年，随着人工神经网络的发展，段新成利用北京颐和园地区 SPOT 遥感影像，基于 BP 人工神经网络进行了土地分类研究（段新成，2008）；2015 年满其霞将机载激光雷达数据的高程信息和强度信息、高光谱归一化植被指数、灰度共生矩阵参数相融合，利用支持向量机（support vector machine，SVM）和面向对象分类相结合的方法，得到了显著的城市土地利用分类效果（满其霞，2015）；2018 年王习之博士在像素级别上对图像作保持边缘的低层空间相关性提取，以局部均质的小图斑代替像素作为特征描述的基本单元，提出了基于 EMD（earth's mover distance）的地理关联特征的相似性度量函数，利用地理关联特征和分类策略实现了在高分辨率影像上提取完整的土地利用区域，有效地解决了高异质性和结构复杂的问题（王习之，2018）。

1.2.2 光学遥感技术的发展

1.2.2.1 概述

1957 年 10 月 4 日，苏联成功发射了世界上第一颗人造卫星"Sputnik-1"，标志着人类航天时代的来临。1958 年，美国发射了第一颗人造卫星"探险者"。1959年 2 月，世界上首颗实验型成像侦察卫星——"发现者 1 号"发射成功，标志着美国的成像侦察卫星进入了实用阶段（周志鑫等，2008）。此后，卫星对地观测技术发展迅速，传感器的工作波段覆盖了自可见光、红外到微波的全波段范围，可见光波段的分辨率也逐渐从 30m 提高到 6m。1977 年，法国提出侦察卫星发展计划，发射了"太阳神 1""太阳神 2"卫星各两颗，1986 年成功发射了全色分辨率为 10m、多光谱分辨率为 20m 的"SPOT-1"卫星。1988 年美国成功发射分辨率可达 0.3m 的"长曲棍球（Lacrosse）"，这是世界第一颗高分辨率合成口径雷达侦察卫星，1999 年美国发射的"Quick Bird"卫星和 2001 年发射的"IKONOS"卫星的空间分辨率更是达到了 0.61m。由于人类活动对生存环境造成的影响日益明显，2001 年美国国家航空航天局（NASA）推出了地球科学事业（ESE）战略计划，以提高人类对地球系统的科学认识，以及人类对天气、气候和灾害的预测能力。

我国对地观测技术始于 20 世纪 70 年代初。1970 年 4 月，中国发射了自己的首颗人造卫星"东方红一号"。21 世纪以来，我国的遥感事业随着航空、航天和卫星技术的进步，进入了飞速发展阶段。2006 年我国批准建设高分辨率对地观测系统重大专项，2007 年开始建设由空、天、地三个层次观测平台组成的大气、陆地、海洋先进观测体系。2013 年 4 月 26 号发射成功的"高分一号（GF-1）"卫星，是我国高分辨率对地观测系统的"排头兵"，从此打破了我国以往民用高分辨率数据主要依靠国外购买的困境（李美玲，2016）。2014 年 8 月 19 号"高分二号（GF-2）"卫星发射成功，这是我国自主研制的首颗空间分辨率优于 1m 的民用光学遥感卫星，标志着我国遥感卫星进入了亚米级"高分时代"，达到了国际先进水平。2020 年 10 月 12 日，我国成功将"高分十三号"卫星发射升空，进一步将中国航空领域的发展推向了一个全新高度。目前，我国的北斗导航系统对地观测分辨率已超过 1m，能够在全球范围提供位置服务，而且相应的增强系统已经开始建设和运行。

目前国内、外主要光学卫星传感器情况如表1-1所示（中测网；地理国情监测云平台）。

表1-1 国内、外主要光学卫星传感器情况

序号	名称	主要参数	国家
1	资源三号	发射日期:2012年1月9日;轨道高度:506km;重访周期:3～5d;空间分辨率:2.1～6m;光谱波段:5	中国
2	高分系列	详见第2章	中国
3	IKONOS	发射日期:1999年9月24日;轨道高度:681km;重访周期:1.5～3d;空间分辨率:全色1m,多光谱4m;光谱波段:5	美国
4	QuickBird	发射日期:2001年10月18日;轨道高度:450km;重访周期:1～6d;空间分辨率:全色0.61m,多光谱2.44m;光谱波段:5	美国
5	Landsat-8	发射日期:2013年2月21日;轨道高度:705km;重访周期:16d;空间分辨率:全色15m,多光谱30m;光谱波段:11	美国
6	SPOT-7	发射日期:2014年6月30日;轨道高度:694km;重访周期:26d;空间分辨率:全色1.5m,多光谱6m;光谱波段:5	法国
7	MODIS	发射日期:1999年12月18日(TERRA),2002年5月4日(AQUA);轨道高度:705km;重访周期:16d;空间分辨率:250～1000m;光谱波段:36	美国

1.2.2.2 遥感影像处理技术

遥感影像解译与信息提取是其应用的重要内容。近年来，从定性遥感到定量遥感，影像处理技术不断发展。基于遥感影像的地物提取是涉及计算机视觉、遥感测绘学、数学、模式识别等多学科的交叉领域（罗昭拓，2008）。地物的特征提取遵循Marr视觉理论，分为低、中、高三个层次，如图1-4所示。首先，对预处理过后的遥感影像进行低层次处理，利用多种方法提取特征点、纹理、边缘等各个要素，此时的点、线、面要素还未结构化；其次，选择、分析、重组并综合低层次处理的结果；最后，利用要素的结构和关系，对地物进行识别并提取。相对于中低分

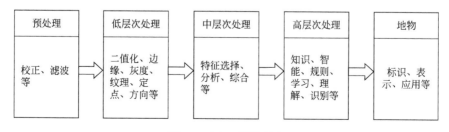

图1-4 Marr视觉理论

辨率的遥感影像，地物在高分辨率遥感影像中的上下文特征、光谱特征、几何特征和纹理特征等都为地物的提取提供了更多的依据，但同时信息的复杂性和多样性增强也使得检测过程变得复杂。自 20 世纪 70 年代以来，国内外的研究人员开始了在这一领域的长期研究，并取得了显著的成果。

针对城市主要基础地理信息的提取研究较多，此处以道路和建筑物为例。

（1）道路信息提取的进展

目前，多数的研究工作将遥感影像道路提取分为自动和半自动两个类别，但近年来随着机器学习和深度学习的发展，以及高分辨率遥感影像本身的复杂性，这种归类方式已显现出局限性（王志盼，2017）。可以从以下三个层次分类道路提取方法：

① 基于像素层次的道路提取。

国际上，1988 年 Kass 等人提出了著名的 Snake 模型法，通过一个确定的能量函数来表示影像强度和梯度等特征信息，利用尺度空间（scale-space）的连续性去扩大对特征周围区域的捕获（Kass et al，1988）。2007 年 Razdan 等人提出了一种从航拍图像中自动提取路网信息的两步方法，先基于一个像素附近的局部均匀区域的形状进行道路检测，再根据占地面积与周长比（A/P）的贝叶斯决策模型对检测到的道路进行精细修正，道路提取的完整性在 84%～94% 之间，准确率在 81% 以上（Razdan et al，2007）。2012 年 Unsalan 和 Sirmacek 提出了一个快速检测路网的系统，该系统主要包括三个模块：概率道路中心检测、道路形状提取和基于图论的道路网络形成（Unsalan and Sirmacek，2012）。

在国内，2008 年张睿等人基于角度纹理特征和剖面匹配，由用户输入道路起点、初始方向及宽度，预测初始的道路中线点，以抛物线方程参数构建道路中线轨迹参数模型，通过计算曲率变化验证道路轨迹点，对验证失败的中线点位使用剖面匹配算法重新预测并确定，最终提取出道路中线轨迹（张睿等，2008）。2010 年吴学文和徐涵秋首先利用矢量图像梯度算法获取道路的边缘，然后根据绿光与近红外波段的差值影像区分道路、植被、水体和裸土的信息，再利用旋转不变 Gabor 小波方法获取影像的纹理特征进一步区分道路与建筑物，最后将道路的梯度、光谱、纹理特征结合起来，用快速行进算法提取道路（吴学文和徐涵秋，2010）。2014 年张国英等人将容错宽度引入 Hough 变换中，设置容错宽度，有效弥补了经典 Hough 变换处理曲折路网的不足（张国英等，2014）。

② 基于区域层次的道路提取。2007 年 Hedman 等人对每个多视角 SAR 图像

进行线条提取和属性提取，根据属性估计各线段的不确定性，然后在上下文信息和传感器几何结构的支持下利用贝叶斯概率理论对这些不确定性进行迭代融合，得到一条线真正属于一条路的概率估计（Hedman et al，2007）。2009 年 Huang 和 Zhang 提出了一种基于多尺度结构特征和支持向量机的道路检测系统，利用多尺度信息减少由车辆、阴影、道路标记等引起的局部光谱变化，SVM 分类器对混合谱结构特征进行分析，从高分辨率图像中提取道路中心线（Huang and Zhang，2009）。2014 年 Singh 和 Garg 通过区域分割算法对道路边缘部分进行优化，利用空间模糊聚类方法对含有空间约束信息的卫星图像进行自动分类，改善了分类效果（Singh and Garg，2014）。

③ 基于知识层次的道路提取。基于知识层次的道路提取方法，通常将现有理论与道路先验知识相结合。2010 年 Movaghati 等人结合扩展卡尔曼滤波（EKF）理论，首先使用 EKF 跟踪一条路，直到满足一个停止准则，然后将结果传递给一个特殊的粒子滤波器（PF），利用改进的 PF 算法在遇到障碍物后找到道路的延续点，消除了测量数据对预测状态的依赖性，降低了道路跟踪算法的不稳定性（Movaghati et al，2010）。2014 年钱家航等人引入人脑认知 OAR 模型，用数学方法和逻辑规则语言表达道路语义模型，采用 Canny 算子进行边缘检测道路、道路特征点细化、基于结点的线段追踪，最后通过 GIS 对提取的道路网络优化，实现道路网络最终提取（钱家航等，2014）。2016 年 Courtrai 和 Lefèvre 在代表路段的区域上应用形态学路径过滤器，将不完整路径过滤策略调整为区域尺度，提高了道路提取的效率和鲁棒性，同时利用背景知识"命中或错过（hit-or-miss）"的转换来区分路段和其他对象（Courtrai and Lefèvre，2016）。2017 年 Moslem 和 Lepage 利用纹理分析和基于波束变换的多尺度推理，结合局部信息和全局信息，在粗尺度上引入全局信息区分主干道轴线，在细尺度上引入局部信息，并将这些信息聚合起来重建路网，减少了道路提取的计算时间（Moslem and Lepage，2017）。

（2）建筑物信息提取进展

从遥感影像上提取建筑物目标的相关研究可以追溯到 20 世纪 80 年代中期，根据是否使用训练数据，可以分为监督式和非监督式两大类，其中非监督式方法又可以分为三种情况，即基于纹理特征、几何特征和辅助特征的提取。

① 监督式提取。监督式提取建筑物信息需要构建训练样本并提供先验知识。2007 年 Inglada 从 SPOT 5 THR 影像中手动提取训练样本，使用大量的几何图像特征，通过一种基于支持向量机的监督学习方法描述具有不同几何属性的若干类对

象（Inglada，2007）。2015 年 Turker 和 Kocsan 利用二进制 SVM 分类从图像中检测出建筑补丁，通过边缘检测、霍夫变换和感知分组的顺序处理来提取建筑物边界（Turker and Kocsan，2015）。2017 年 Dimitrios 等人提出了一种由两个模块组成的建筑检测方法，第一个模块是提取图像区域中梯度直方图和局部二值模式直方图的特征检测器，第二个模块利用 HOG-LBP 检测器以检测到的矩形图像区域的形式输出，该方法能够从卫星图像稳健地检测建筑物（Dimitrios et al，2017）。

② 基于纹理特征的提取。2009 年 Pesaresi 等人基于模糊规则的各向异性纹理共现测度组合，由灰度共生矩阵（GLCM）从卫星数据中得到建筑存在指数 PanTex，讨论了基于小波压缩和直方图拉伸的 PanTex 测量方法对季节变化、多传感器、多场景和数据退化的准确性和鲁棒性（Pesaresi et al，2009）。2009 年 Sirmacek 和 Unsalan 使用尺度不变特征变换 SIFT 和图形理论工具，将每个关键点表示为图的一个顶点，采用图分割方法提取城市区域内的独立建筑（Sirmacek and Unsalan，2009）。2014 年沈小乐等人引入视觉注意机制，根据建筑区在高分辨率遥感影像中的特点，基于时频域的纹理分析，提出一种针对建筑区的纹理特征描述方法，实现了建筑区的高效提取（沈小乐等，2014）。

③ 基于几何特征的提取。2013 年 Hu 等人通过计算每个像素的显著性指数来生成显著性图，并对显著性图进行分割，提取出显著性结构、纹理区域和目标的位置，在检测农作物和居民区等显著结构纹理区域以及飞机、汽车等人造物体方面有较好的效果（Hu et al，2013）。2014 年 Wang 等人基于图搜索的感知分组方法，将预先检测到的线段分层分组为候选矩形建筑，利用直线和直线交叉点等图像基元进行建筑提取（Wang et al，2014）。2017 年林祥国和宁晓刚通过检测高分辨率遥感影像的角点和直线段，基于局部直角点和直角边点的密度和距离特征生成居民点指数图像，并通过指数图像二值化、栅格转矢量、剔除小图斑等操作确定居民点多边形（林祥国和宁晓刚，2017）。

1.2.3　机载激光雷达现状

20 世纪 70 年代开始，美国国家航空航天局（NASA）和加拿大的一些研究机构开始了对激光雷达技术的探索。随着全球卫星定位系统（GPS）和惯性测量单元（IMU）的发展与成熟，即时定位定姿技术不断精确，高精度的激光雷达系统也因此快速发展，到 90 年代中后期逐渐成熟。世界上第一台真正实用的机载激光扫描系统由德国斯图加特大学制造，此后，国际上的多家大型公司陆续推出了较为成熟的商用机载设备，如：美国 Trimble 公司的 AX80 与 Harrier、奥地利 Riegl 公司的 LMS 系列、德国 IGI 公司的 LiteMapper 系列、加拿大 Optech 公司的 ATLM 系列、瑞士 Leica Geosystems 公司的 ALS70 等（Tournaire et al，2010）。近年来，国内对 LiDAR 技术的研究也是一个热点，2016 年绵阳天眼激光有限公司发布了当时国内最小机载激光雷达系统；2019 年北京北科天绘科技有限公司推出的"蜂鸟"无人机激光雷达，重 1.2kg，探测距离超过 200m，并且实现了与无人机系统的深度集成；北京数字绿土科技有限公司自主研发了无人机激光雷达扫描系统 LiAir、机载激光雷达扫描系统 LiEagle 等多平台化的高精度三维信息采集设备；2020 年 10 月，中国企业大疆创新科技有限公司在 InterGEO 德国国际测绘地理信息展上发布了全新的"激光可见光融合解决方案"，利用获取的激光和可见光融合数据可生成彩色的 3D 图像，具有厘米级精度，最远测距可达 450m。

1.2.4 影像与 LiDAR 融合应用于基础地理信息提取现状

随着遥感技术的不断发展，遥感数据逐渐多源化，通过多种传感器在同一测区获取到不同的遥感数据得以实现。将机载 LiDAR 获取的点云数据与高分辨率遥感影像融合，可以充分利用激光雷达数据的三维信息以及高分影像的光谱信息，达到更精确的分类效果，并将其应用在生物量估算、树冠检测以及土地利用分类等研究领域中。机载 LiDAR 与遥感影像的融合可以分为三种类别：像素级（特征提取之前）、特征级（属性说明之前）以及决策级（各传感器数据独立属性说明之后），如图 1-5 所示（Ali，2013）。在城市系统中，该技术已经被广泛应用于土地利用分类、三维建模、特征提取等多个领域中，并且在国内外都有着丰富的研究成果。

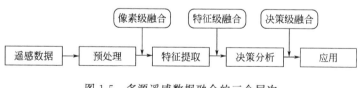

图 1-5　多源遥感数据融合的三个层次

目前，国内对 LiDAR 数据和遥感影像融合技术的研究处于火热发展阶段。2013 年董保根针对以往点云与影像融合分类技术中存在的"特征少，精度低"的缺点，依据不同的提取原则，将点云特征分为直接特征和间接特征，在特征向量中加入原始点云局部几何属性特征，并对五类法向量特征进行提取，增强了道路、植被、建筑物等地物的分类效果（董保根，2013）。2014 年方军融合 LiDAR 数据的高分辨率影像，将对象（object）作为影像特征提取与分析的基本单元，融合影像、归一化数字表面模型（normalized digital surface model，nDSM）和归一化植被指数（normalized difference vegetation index，NDVI）进行多尺度分割，利用对象的特征信息进行基于规则的模糊分类，提取了更多的地物类别信息（方军，2014）。2015 年满其霞将机载激光雷达高程信息、强度信息、高光谱归一化植被指数和灰度共生矩阵参数在特征级别上进行融合，并结合支持向量机（SVM）和面向对象分类的方法应用于城市土地利用分类，得到了显著的融合和分类效果（满其霞，2015）。

在国际上，2002 年 Rottensteiner 和 Jansa 首先在 DSM 中通过激光雷达点的层次分类得到了建筑物几何重建的感兴趣区域；然后根据 DSM 的分割结果在目标空间中重构初始平面斑块，创建建筑物的初始多面体模型；最后在图像中验证初始的多面体建筑模型，以提高几何参数的准确性，从而完成建筑物的提取（Rottensteiner and Jansa，2002）。2008 年 María 等人研究了机载激光雷达高程数据对半城区多光谱 SPOT5 图像分类的影响，将多光谱和激光雷达高程数据集成在由独立的多个波段组成的单个图像文件中，利用支持向量机对图像进行分类。结果表明，激光雷达高程数据的集成改善了多光谱波段的分类，整体分类准确度提高了28.3%（María et al，2008）。2014 年 Gerke 和 Xiao 将激光扫描（ALS）数据与航空图像相结合，利用 ALS 良好的几何质量和光谱图像信息，将几何、纹理、低电平和中电平图像特征分配给激光点，并将激光点量化成体素，对建筑物、树木、植被和封闭地面进行检测（Gerke and Xiao，2014）。

城市主要基础地理信息分类中，除了居民地（建筑物）以外，面状地表覆盖物还包括植被、道路以及水体。由于建筑物的特点，在 LiDAR 数据中，运用适当的处理方法能够将其有效提取。植被在 LiDAR 数据处理中往往被定义为高大植被和低矮植被，且滤波处理时，容易将部分低矮植被划入地面点范畴；而植被在遥感影像中，光谱特征较为明显，更容易被有效提取。LiDAR 数据处理中的道路信息往往被划分到地面点范畴，而与周边地面信息混淆；同时，在遥感影像中，城市道路受周边建筑物阴影干扰和高大植被的遮挡，其光谱特征和形状特征均有较大损失。由于水体不反射脉冲信息，在 LiDAR 数据中，这些区域常常赋予特定的黑色用于水体探测。但 LiDAR 数据受点云密度的限制，不能获得连续的地物信息，也就无法得到精确的水体边缘（张永军等，2010）。本书在前人研究的基础上，从基础地理信息角度出发，利用多源、多类型、多空间尺度的遥感数据，分析城市建筑物、道路、植被、水体等主要基础地理信息快速、准确提取的方法，并进行分类定量处理，为基础地理信息应用提供有效的数据支持。

1.3 本书的思路与技术路线

本书从基础地理信息角度出发，研究 LiDAR 点云数据和高分影像数据结合的建筑物、道路、植被、水体等城市主要基础地理信息分类提取方法。基于建筑物在城市基础地理信息中占比最大的特点，研究 LiDAR 点云数据直接提取方法；道路、植被和水体信息采用点云数据与影像数据融合分类方法。最后利用主观目视和客观参数评定的方法对结果进行精度分析。

本书技术路线如图 1-6 所示。

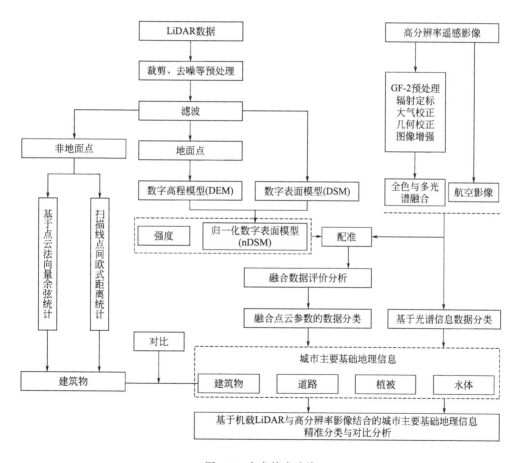

图 1-6 本书技术路线

1.4 本书主要内容

本书打破了常规城市地表覆盖分类注重单一用途划分的情况，从测绘基础地理信息角度，基于多源遥感数据，探讨城市地表覆盖的定性和定量分布。主要阐述内容包括：

① 点云滤波处理方法研究。本书将传统数学形态学滤波算法、基于坡度滤波算法与布料模拟滤波算法对比分析，利用布料模拟滤波基于计算机 3D 视图思想且独立于传统的地面滤波的思路，进行数据滤波处理。

② 建筑物点云提取研究。城市基础地理信息中居民地是覆盖最广、占比最大的内容，居民地又以建筑物为主。本书阐述基于点云法向量余弦统计的建筑物提取思路，同时从扫描线层面出发，论述一种基于点间欧式距离统计的建筑物点云提取方法。

③ 城市主要基础地理信息提取研究。基于 LiDAR 点云数据和高分辨率遥感影像数据融合提取建筑物、道路、植被、水体等城市主要基础地理信息。将点云数据参与影像数据融合分类，对比基于单一光谱影像数据分类结果，为多源数据融合提取提供思路。

主要章节包括：

第1章绪论。详细阐述本书的研究目的、研究意义和国内外的发展现状，提出本书的研究目标和主要研究内容，构建研究思路，最后介绍本书的章节安排。

第2章 LiDAR 数据与高分影像特点及实验区概况。重点阐述 LiDAR 数据获取方式、点云数据特点、影像数据获取方式和特点；介绍本书使用的三个实验区数据的基本情况、LiDAR 数据和影像数据的来源等基本信息。

第3章 LiDAR 滤波与高分影像数据预处理。介绍了点云数据经典滤波算法，对比分析数学形态学滤波、基于坡度滤波算法和布料模拟算法，结合实验数据，验证布料模型算法的适用性；针对影像数据特点，阐述数据预处理及融合方法，为城市主要基础地理信息提取做准备。

第4章建筑物点云数据提取。针对城市地表物以建筑物为主的特点，探讨建筑物点云数据提取方法。分别提出一种基于点云法向量余弦值统计和基于扫描线点间欧式距离统计的建筑物点云提取方法，并通过实验数据验证。

第5章点云与影像融合的城市主要基础地理信息分类提取。结合 LiDAR 数据与高分辨率影像数据，完成实验区域建筑物、道路、植被、水体等城市主要基础地理信息提取。首先采用最大似然分类和支持向量机分类算法对高分影像基于像素级别分类，再融合点云特征参数分类，最后做精度评定和对比分析。

第6章总结与展望。总结本书的主要结论，并提出进一步研究工作要点。

第2章
LiDAR数据与高分影像特点及实验区概况

LiDAR是一种主动式遥感技术，其脉冲信号具有较强的穿透能力，有效克服云覆盖问题，并能在一定程度上穿过树冠到达地面，削弱阴影遮挡影响；同时为用户提供三维坐标信息、回波次数信息和强度信息。高分辨率影像具有空间分辨率高的特点，利于目视解译，对影像定量分析提供了条件。

2.1 LiDAR系统

2.1.1 概述

LiDAR传感器以频繁的短时激光脉冲的形式发射并记录辐射信号，这与传统的被动图像采集系统记录从传感器外部源（例如太阳）的表面反射的辐射不同。当发射的激光脉冲遇到目标表面并将该激光能量的一部分返回到传感器时，激光雷达仪器可以测量 x、y、z 空间中对象的位置。脉冲发射与检测之间经过的时间（乘以光速）会产生传感器与目标之间的往返距离，并且可以在离散的逐点或连续基准上记录表面的垂直分布。离散点返回系统通常在很高的空间分辨率下运行，激光照射的点非常小（足迹直径＜1cm到数十厘米，具体取决于传感器与目标之间的距离），每个点最多记录四个点激光脉冲。数字化全返回激光信号能量的连续"波形"系统通常会在较大（5～70m）的覆盖范围内整合信息（Dubayah and Drake，2000）。由于每个发射的激光脉冲都指向不同的足迹位置，因此汇总数十亿个脉冲返回信号记录会生成一个3D表面结构图，可用于表征地表情况。LiDAR的应用包括洪水风险制图（McArdle et al，1999）、鸟类种群建模（Davenport et al，2000）、冰盖测绘（Krabill et al，1995）、农药施用（Walklate et al，1997）、计量经济学模型（Cowen et al，2000）、地形建模（Flood and Gutelius，1997）、土地覆盖分类（Schreier et al，1985）以及一系列大气和地外应用（Matrosov et al，1998；Kreslavsky and Head，1999）。

　　LiDAR 是基于激光测距的原理。文献（Young，1986）描述了该系统产生一种高度定向的光，从而产生测距所需的高准直和高功率，如图 2-1 所示。

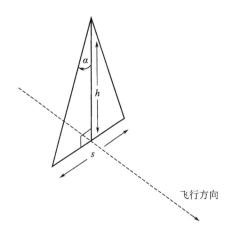

图 2-1　扫描宽度示意图

　　激光被证明在这类测量中具有优势，因为高能脉冲可以在短时间内实现，短波长的光可以用小孔径高度准直激光，再加上一个接收器和一个扫描系统，将点的分布和遥感仪器定义的扫描角度和飞机的飞行高度相关联。扫描宽度是仪器扫描角度和飞机飞行高度的函数，表达式为：

$$s = 2h\tan\alpha \tag{2-1}$$

　　式中，s 为扫描宽度；α 为扫描角度；h 为飞行高度。

　　LiDAR 可以安装在地面、空中或太空平台上。地面 LiDAR 通常安装在三脚架上，可以快速收集生态系统的密集（小于 1cm 分辨率）3D 空间数据。从多个扫描位置获得的激光回波"点云"可在空间中配准，以从多个有利位置提供对象的更详细视数据。地面激光雷达系统的使用已从建筑结构工程分析扩展到了对植物冠层结构的研究。机载 LiDAR 设备一般同时包括 GNSS 和惯性测量单元（inertial measurement unit，IMU）或称惯性导航系统（inertial navigation system，INS），二者收集的实时数据确保使用精确的时间基准来计算激光雷达传感器的 3D 位置和姿态，即侧倾、俯仰和偏航。使用该时间基准对每个发出的激光脉冲进行编码，并计算出反射表面或从信号返回能量的表面的绝对位置。星载 LiDAR 以 GLAS（geoscience laser altimeter system）为代表的相关研究较多，它是针对地球表面高度和大气特性的粗略评估。尽管可以使用 GLAS 来获取一些森林结构信息，但它提供的数据并不连续。

特定激光雷达（或专题激光雷达）仪器中使用的激光波段在很大程度上决定了其与各种表面类型的相互作用，因此决定了传感器如何记录观测地区的地表 3D 结构。例如，尽管近红外波长很容易被植物和土壤反射，但是这些相同的波长几乎被水完全吸收，并且不能为仪器的点检测提供足够的"返回能量"，因此 LiDAR 对于水体测量较为困难。

2.1.2　LiDAR 系统组成

机载 LiDAR 传感器的设计可能会有很大不同，但是基本系统组件是标准的，图 2-2 为徕卡 ALS70-HP 激光雷达扫描系统。LiDAR 系统的应用通过 GNSS 和 IMU 的并行发展而得到了发展。

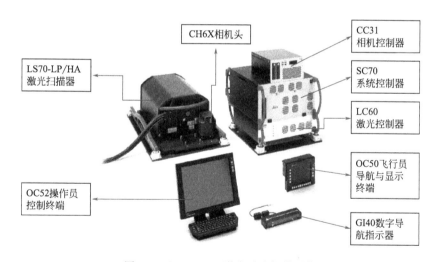

图 2-2　ALS70-HP 激光雷达扫描系统

机载 LiDAR 系统中的 GNSS 接收机与一个或多个地面站协同工作，实时差分解算传感器的位置；传感器的方向由机载 IMU 获取。激光子系统通常为二极管泵浦固态激光器。收发器的光机械结构通常围绕标准的现有光学器件和定制的机械支撑结构构建，一些传感器使用专门设计的自定义光学器件来优化特定传感器性能的各个方面。接收器和信号处理电子设备通常由可用的商业组件设计，必要时可通过定制电子部件加以补充。在接收器中，使用了光学或红外检测器，主要是雪崩光电二极管。接收机的每个通道都使用现成的或定制的时间间隔计（TIM），其本质上是一个精密时钟，接收机通道记录的是每个返回脉冲的 TIM 单元，也可使用数字化板捕获完整的返回波形。接收器中的其他电子设备用于在未记录完整波形的系统中记录回波强度或监视其他信息，例如回波脉冲极化等。

2.1.3　数据后处理

LiDAR 点云数据具有海量性和多样性，其存储和后处理亦是其应用的重要环节和基础。机载 LiDAR 系统的采集和控制计算机通常与传感器放置在单独的机架中，并提供系统设置、监视和数据记录功能以及对 GNSS、IMU 和激光控制功能的访问。

LiDAR 数据的后处理是在标准计算机工作站上进行的，结合了用于提取地理编码激光数据的专有代码以及用于分类和分析数据的专有或第三方软件的组合。由于 LiDAR 数据点云的规模很大，因此对工作站性能和配置有较大要求。随着商用软件处理系统的不断更新，处理效率和精度均有较大提升。

2.2　LiDAR 数据格式

LiDAR 是由飞机或航空设备搭载的、多个功能部件组成的、能够获取多种数据的复杂系统，每个子系统都采集相应的数据，包括 GNSS 导航数据、IMU 惯导数据、同步时间数据、多波段传感器的数据等。有些是过程数据，如 IMU 数据、GNSS 数据等；有些是结果数据，如坐标数据、高程数据、回波强度数据等。LiDAR 数据的数据格式主要包括 LAS 格式、栅格格式和自定义文本格式。

（1）LAS 格式

2003 年美国摄影测量与遥感协会（American Society of Photogrammetry and Remote Sensing，ASPRS）提出 lidar data exchange format standard（LDEFS）标准，发布了 LAS 1.0，数据以 *.las 为后缀，其格式分为三大板块，分别为：公共数据块（public header block）、变长数据记录（variable length records）、点数据块（point data）（于彩霞等，2017）。其中，公共数据块记录关于文件的基本信息，如 LiDAR 点数、数据范围、文件标识、飞行时间、回波个数、坐标范围等，如表 2-1 所示。公共数据块的所有数据均为小端字节序格式，即低位字节放在内存的低地址端，高位字节放在内存的高地址端（姚松涛等，2017）。

表 2-1　公共数据块信息

数据项	数据类型	大小/字节(byte)	预留
文件标签	Char①	4	*
预留	Unsigned long	4	
GUID Data 1	Unsigned long	4	
GUID Data 2	Unsigned short	2	
GUID Data 3	Unsigned short	2	
GUID Data 4	Unsigned char②	8	*
主版本号	Unsigned char	1	*
副版本号	Unsigned char	1	*
系统 ID	Char③	32	*
生成软件	Char③	32	*
文件日期	Unsigned short	2	
文件创建年	Unsigned short	2	
文件头长度	Unsigned short	2	*
点集记录指针	Unsigned long	4	*
变长记录个数	Unsigned long	4	*
点记录格式 ID	Unsigned char	1	*
点记录长度	Unsigned short	2	*
点记录个数	Unsigned long	4	*
返回点个数	Unsigned long④	20	*
X 比例因子	Double	8	*
Y 比例因子	Double	8	*
Z 比例因子	Double	8	*
X 偏移量	Double	8	*
Y 偏移量	Double	8	*
Z 偏移量	Double	8	*
X 最大坐标	Double	8	*
Y 最大坐标	Double	8	*
Z 最大坐标	Double	8	*
X 最小坐标	Double	8	*
Y 最小坐标	Double	8	*
Z 最小坐标	Double	8	*

① 董保根，2013。

② 方军，2014。

③ 刘晓宇和邓平，2020。

④ 杜艺等，2010。

变长记录用于记录投影信息、元数据信息和用户自定义的数据信息，是 LAS 格式中最灵活的部分（张留民等，2014）。每个边长记录包括一个固定的可变长度记录头和一个灵活的扩展字段。

点集记录区用于存储坐标点信息。LAS 支持 100 种点记录格式，范围从 Format02 到 Format99。但在同一个 LAS 文件中，只有一种点格式，它必须与公共文件头中的点格式一致。Format0 是最基本的点记录格式，所有其他的点格式都是从 Format0 扩展而来的。Format0 格式的点记录存储了几个基本属性，如点坐标、激光返回强度、返回点序号、返回点编号、点分类、扫描方向、路径边界、扫描角度范围等。为了节省空间，点的实际坐标存储为长整数（X，Y，Z），删除的小数存储在公共标题区域的 X，Y，Z 比例因子字段中，具体计算公式为：

$$\begin{cases} X_{coordinate} = (X_{record} X_{scale}) + X_{offset} \\ Y_{coordinate} = (Y_{record} Y_{scale}) + Y_{offset} \\ Z_{coordinate} = (Z_{record} Z_{scale}) + Z_{offset} \end{cases} \quad (2\text{-}2)$$

2007 年发布了 LAS 2.0 拟定版，是对 LAS 1.0 版本的第一次大规模修正，其特点是结构更灵活、便于扩展、面向广泛的软硬件系统。在结构上，LAS 2.0 为了定义点集记录的内容和格式，添加了如图 2-3 所示的元数据模块（刘春等，2009）。

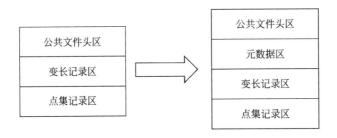

图 2-3　LAS 1. x 系列与 LAS 2.0 文件结构对比

（2）栅格格式

栅格格式的数据以＊.ASC 为后缀，头部信息包括行数（ncols）、列数（nrows）、中心点 x 坐标（xllcenter）、中心点 y 坐标（yllcenter）、采样间距（cellsize）、无效数据（nodata value-9999.000000），数据信息记录具体的信息数据。

（3）自定义文本格式

该格式直接以文本的方式记录 LiDAR 数据，记录的每一行表示一束激光的回波数据，每一列记录表示不同属性，一般会在数据中加以说明，其后缀为＊.txt。

例如国际摄影测量与遥感学会（International Society for Photogrammetry and Remote Sensing，ISPRS）提供一种文本格式的数据，其格式为：首次回波的坐标（x、y、z）和回波强度 d，末次回波的坐标（x、y、z）和回波强度（d），共计 8 列。

2.3　本书实验区数据基本情况

　　本书主要研究基于多源数据结合的建筑物、道路、植被和水体等城市主要基础地理信息提取方法，数据力求涵盖机载 LiDAR、卫星影像、航拍影像等当前主要对地观测成果形式，研究对象中确保建筑物、道路、植被和水体占比高且形态多样化，同时兼顾数据获取的可行性。基于此，本书实验数据选自三个实验区，每个实验区均包含同一坐标系统下的 LiDAR 点云数据和高分辨率遥感影像数据。三个实验区如图 2-4 所示。

实验区一　　　　　　　　　　　实验区二　　　　　　　　　　　实验区三

图 2-4　实验区

　　实验区一位于我国辽宁省台安县，经纬度为（122°25′36″E，41°24′21″N），面积约 1.75km²；实验区二位于我国辽宁省沈阳市，经纬度为（123°30′53″E，41°44′40″N），面积约 0.31km²；实验区三位于德国法兰克福的弗兴根地区，经纬度为（8°57′22″E，48°55′57″N），面积约为 0.33km²。三个实验区域均为城市地区，主要基础地理信息完整，能够满足需要。

　　本书基于点云的建筑物提取实验选用实验区一和实验区二作为研究区域，点云与高分辨率影像融合提取实验选用实验区一和实验区三作为研究区域。

2.3.1　LiDAR 数据情况

　　实验区一 LiDAR 数据于 2014 年 10 月由运五载人飞机搭载 ALS70-HP 激光雷

达扫描系统获取，作业高度 1040m，点云密度为 6pts/m²，平面坐标系采用 2000 国家大地坐标系（CGCS2000），高斯-克吕格投影 3°分带，高程基准采用 1985 国家高程基准，如插页图 2-5 所示。区域内初始点云数量为 2579932，主要基础地理信息数据包括居民地（建筑物）、道路、植被及其他（耕地）。

实验区二 LiDAR 实验数据由蜂鸟无人机 LiDAR 系统获取，采集时间为 2015 年 6 月，作业高度 140m，点云密度为 200pts/m²，如插页图 2-6 所示（竖直向上为北方向）。区域内初始点云数量为 6286292，主要基础地理信息数据包括居民地（建筑）、道路、植被等。

实验区三 LiDAR 数据来自 ISPRS 官网，LiDAR 数据于 2008 年 8 月由徕卡 ALS50 激光雷达扫描系统获取，作业高度 900m，平均点云密度为 6.7pts/m²，区域内初始点云数量为 1749292，主要基础地理信息数据包括居民地（建筑）、道路、植被、水体等，如插页图 2-7 所示。

2.3.2 遥感影像数据概况

本书实验区一和实验区二高分辨率遥感影像采用国产高分二号（GF-2）卫星数据，实验区三影像数据为航空遥感数据。

（1）国产 GF-2 卫星概述

高分系列卫星是国务院发布的《国家中长期科学和技术发展规划纲要（2006—2020 年)》中确定的 16 个重大专项之一，目标是建设基于多平台载体的高分辨率先进对地观测系统，并与其他手段相结合，形成全天候、全天时、全球覆盖的对地观测能力。截止到 2020 年，建成我国自主的陆地、大气、海洋先进对地观测系统，为现代农业、防灾减灾、资源环境、公共安全等重大领域提供服务和决策支持，确保掌握信息资源自主权，促进形成空间信息产业链（徐华，2017）。

GF-2 卫星是我国自主研制的首颗空间分辨率优于 1m 的民用光学遥感卫星，搭载有两台高分辨率 1m 全色、4m 多光谱相机，能够获取亚米级影像数据，有效地提升了我国卫星综合观测效能，使我国民用卫星发展达到了国际先进水平。GF-2 卫星于 2014 年 8 月 19 日成功发射，8 月 21 日首次开机成像并下传数据，星下点空间分辨率可达 0.8m，标志着我国遥感卫星进入了亚米级高分时代（郭雅，2019）。其轨道参数及荷载参数如表 2-2、表 2-3 所示。

表 2-2　GF-2 卫星轨道参数

参数	指标
轨道类型	太阳同步回归轨道
轨道高度	631km
轨道倾角	97.9080°
降交点地方时	10：30 AM
回归周期	69d

表 2-3　GF-2 卫星有效载荷参数

载荷	谱段号	谱段范围/μm	空间分辨率/m	幅宽/km	侧摆能力	重访时间/d
全色相机	1	0.45~0.90	1			
多光谱相机	2	0.45~0.52	4	45 (2 台相机 组合)	±35°	5
	3	0.52~0.59				
	4	0.63~0.69				
	5	0.77~0.89				

（2）实验区影像数据

实验区一和实验区二的 GF-2 卫星数据，数据采集时间分别为 2015 年 5 月 4 日和 2015 年 7 月 18 日；实验区三的影像数据来源于 ISPRS 官网，是 2008 年 8 月 6 日由德国摄影测量与遥感学会 DGPF 测试相机获取，包括红外、红、绿三个光谱波段，地面分辨率 0.08m，如插页图 2-8 所示。

本章小结

LiDAR 技术通过主动遥感方式获得观测目标的三维点云矢量数据，并且包含强度信息和回波次数信息，与光学遥感影像数据相比，具有立体性和多要素性，更有利于地表模拟。但 LiDAR 点云数据缺乏地表覆盖物的纹理特征，在地物精细化分类和统计中存在不足。基于此，本书提出两者结合研究城市建筑物、道路、植被、水体等主要基础地理信息的分类提取方法。本章主要阐述了 LiDAR 系统的硬、软件情况，介绍了点云数据获取、数据格式等基本信息；遥感影像数据主要介绍了国产高分系列卫星特点及 GF-2 卫星影像概况。本章还介绍了用于实验的三个实验区地理位置及数据基本情况。

第3章
LiDAR滤波与高分影像数据预处理

　　LiDAR 点云数据经过去噪后，得到纯净的地物点云，还要经过滤波处理将地面点和非地面点分离。分离后的地面点主要包括道路、裸地以及低矮植被，非地面点主要包括建（构）筑物和高大植被。滤波原理和点云去噪原理相似，均是选取初始点云后的聚类处理，滤波精度一定程度上取决于算法对点云之间距离的判断。高分辨率卫星影像需要进行一系列预处理，将不同目标地物的像元属性值最优化，满足用户的应用需要。

3.1　点云滤波概述

　　机载 LiDAR 激光脚点分布不规则，在三维空间分布形态呈随机离散的状态。这些点有的位于人工的建筑物，有的位于真实的地形表面，有些则是噪声点，如插页图 3-1 所示。为了能更好地对离散的点云数据进行分类，首先需要对点云数据去除噪声点；然后进行滤波处理，分离出地面点和非地面点，这个过程即为点云滤波过程。点云处理与地物分类往往需要提取数字表面模型（DSM）和数字高程模型（DEM），这就需要对其进行滤波处理。

　　机载 LiDAR 系统通过向地面发射脉冲来获取点云数据，点云数据的密度也取决于测区地形的复杂程度和地表地物的覆盖程度。滤波对算法性能的要求也在一定程度上与其相关，当地形平坦或地物覆盖稀疏时，要求较低；当测区地形较为复杂或者地物覆盖面积比较大时就应该对算法做出要求，需要其满足一定的数据密度。机载 LiDAR 系统在采集数据时具有一定的盲目性，这样就给 LiDAR 数据的滤波带来较大困难，特别是对复杂地形条件测区的数据，复杂地貌对滤波算法的要求更为苛刻。这些复杂地貌主要包括：低矮地物、陡坡上的植被、复杂建筑物、大型地物、小型地物、地面不连续的地面点和地面有连续的地面点等。

3.2　LiDAR 点云去噪处理

在城市三维环境下，LiDAR 扫描通常会得到密度不均匀的点云数据集，并且传感器的局限性、采集设备的固有噪声、场景中物体表面的反射特性等会不可避免地使点云数据产生大量的离群点，即噪声点。噪声点的存在会严重影响后续点云的特征提取和特征匹配。因此，有必要对原始点云进行去噪操作，以获得适合进一步处理的精确点云（马树发，2014）。

3.2.1　点云去噪方法

点云去噪方法较多，如基于距离迭代计算的平面拟合法；通过统计高程值正态分布的点云数据方差和标准差来实现去噪的 3σ 法；直接统计点的高程值进而去除异常值的直方图法等。此外还有基于密度聚类思想剔除离群噪声点的方法，包括 K 均值聚类算法（K-means clustering algorithm，K-means）和基于密度的带噪声数据空间聚类算法（density-based spatial clustering of applications with noise，DBSCAN）等。

（1）K-means 算法

K-means 算法是一种迭代求解的聚类分析算法，点云 K-means 聚类算法的核心（Shi et al，2011）是利用点云数据点与点之间的欧氏距离作为聚类指标，从 n 个点的数据集 $\{p_1, p_2, p_3, \cdots, p_n\}$，找出 k 个聚类中心 $\{a_1, a_2, a_3, \cdots, a_k\}$，形成 k 个点簇，使聚类后的每片对象具有很高相似度。开始从 n 个待聚类的对象中随机选择 k 个作为初始值，再根据所有对象离每个聚类中心的欧氏距离分配到最近的中心，计算新聚类中心簇的质心，取平均距离，进行迭代。如果相邻两次聚类中心点集距离之和小于预先设定值，则停止聚类，否则重复计算聚类中心；最后以聚类中心代替每一类别中的点，从而达到精简的目的（郭进等，2016；李建等，2020）。式(3-1) 中 W_n 为数据集 $\{p_1, p_2, p_3, \cdots, p_n\}$ 中所有对象与它所在的聚类中心的平方误差之和。

$$W_n = \sum_{i=1}^{k} \sum_{p_j \in a_k} |p_j - a_i|^2 \tag{3-1}$$

其中，p_j 为每个聚类中的对象；a_i 为聚类中心的均值，表达式如式（3-2）所示。

$$a_i = \frac{1}{|a_k|} \sum_{x \in a_k} x \tag{3-2}$$

（2）DBSCAN 算法

DBSCAN 算法是第一个基于密度的聚类算法，由 Ester 等于 1996 年提出（Ester et al，1996）。该算法将簇定义为密度相连的点的最大集合，能够把具有足够高密度的区域划分为簇，并可在存在噪声的数据中发现任意形状的聚类。DBSCAN 算法的核心思想总结如下：该算法有两个参数，即 Eps 和 MinPts，其中 Eps 表示目标数据点搜索邻域的半径，MinPts 表示最小邻域点数。在图 3-2 中，如果 c 点的 Eps 邻域至少有 MinPts 个点，则 c 被称为核心点。搜索区域中的点将重复聚类，直到仅剩下 Eps 邻域内点数小于 MinPts 的数据点。点 b 在点 p 的 Eps 邻域内，但点 b 的 Eps 邻域内的点数小于 MinPts，因此点 b 被标记为边界点（b 不是核心点，但落在某个核心点的 Eps 邻域内）。点 o 的邻域点数为 3，MinPts 为 4，因此不能成为新的簇。

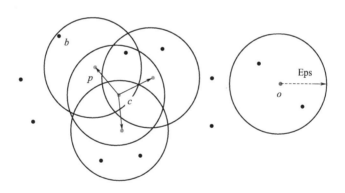

图 3-2　DBSCAN 算法的核心思想

该算法的显著优点是能有效处理噪声点，但是该算法计算时每个对象点必须与数据集中众多的其他对象点进行比较，大大增加了时间成本（赵凯等，2018）。

3.2.2　实验区点云数据去噪处理

本书基于 DBSCAN 算法，利用 CloudCompare 开源软件，自定义去噪模块。三个实验区数据去噪前后对比如插页图 3-3 所示。

三个实验区数据去噪处理后，数据属性变化情况如表 3-1 所示。

表 3-1　实验区点云数据去噪情况

实验区 数据属性	实验区一		实验区二		实验区三	
	原始 数据	去噪后 数据	原始 数据	去噪后 数据	原始 数据	去噪后 数据
点数	2579932	2523381	6286292	5818710	1749292	1566567
最小高程值/m	−32.220	11.590	55.255	56.231	202.550	221.160
最大高程值/m	678.700	79.220	219.032	94.625	295.470	289.800
高程平均值/m	18.958	18.592	68.967	68.228	261.091	261.161
高程标准差	11.152	11.110	8.876	8.946	8.917	9.114

由表 3-1 可知，三个实验区数据在去噪前后属性有了明显变化，点的总数量明显降低，最小高程值和最大高程值更加符合实际情况；高程平均值变化不大是因为数据中噪声点所占比例较低，对其影响较小；高程标准差几乎没有变化，表明数据整体精度良好。去噪处理后，三个实验区前视图如插页图 3-4 所示。

3.3　滤波的主要方法

机载 LiDAR 技术在硬件方面发展已经突飞猛进，随着计算机技术的发展，点云数据预处理方法也越发成熟。目前有很多关于机载 LiDAR 系统滤波算法的研究，其中主要包括：数学形态学的滤波算法、基于坡度变化的滤波算法、移动曲面拟合滤波算法、基于不规则三角网的滤波算法和布料模拟滤波算法等。

3.3.1　数学形态学的滤波算法

数学形态学滤波算法（mathematical morphology filtering，MMF）是机载 LiDAR 点云滤波中的主流算法。最初由 Lindenberger（Lindenberger，1993）将数学形态学方法引入机载 LiDAR 点云滤波中。数学形态学方法主要包括开运算和闭运算，每种运算都由膨胀和腐蚀两种基本运算组成。首先应用形态学开运算过滤剖面数据，然后利用自回归过程改善上述结果（惠振阳和胡友健，2016）。对于机载 LiDAR 点云滤波来说，膨胀运算即取滤波窗口内高程的最大值，公式定义为：

$$[\delta_B(f)](x,y) = \max\{f(x+i,y+i) \mid i,j \in [-\omega,\omega]; (x+i,y+i) \in D_f\}$$

$$(3-3)$$

式中，B 为结构元素；结构元素的大小为 $(2\omega+1)(2\omega+1)$；D_f 为 f 的取值

范围。

腐蚀运算即取滤波窗口内高程的最小值，公式定义为：

$$[\varepsilon_B(f)](x,y)=\min\{f(x+i,y+i)|i,j\in[-\omega,\omega];(x+i,y+i)\in D_f\} \quad (3\text{-}4)$$

开运算是对点云先进行腐蚀运算，再进行膨胀运算；闭运算则相反，先进行膨胀运算，再进行腐蚀运算，公式为：

$$\begin{cases} \gamma_B(f)=\delta_B[\varepsilon_B(f)] \\ \beta_B(f)=\varepsilon_B[\delta_B(f)] \end{cases} \quad (3\text{-}5)$$

数学形态学滤波算法对点云数据有特殊要求，就是要求数据点有序，即使当原始激光脚点数据内插成规则格网数据，也会导致内插出的地面点和地物点的邻近激光脚点的高差变小，从而很难将矮小灌木丛和低矮建筑物滤除掉。Kilian（Kilian et al，1996）、Zhang 和 Chen（Zhang and Chen，2003）、张永军（张永军等，2010）等国内外学者提出了改进的数学形态学滤波方法，其主要思想是将建筑物和植被腐蚀运算处理至地表，并设置一个可移动的固定大小的窗口，经过不断移动覆盖，利用开运算的方法检测出窗口内的最低点，如果此窗口内的点在阈值内，则将该点划定为地面点。阈值的大小根据 LiDAR 点云的密度确定。当移动窗口历遍整个测区后，用户即可获得最终的运算结果。但最佳窗口尺度的确定需要通过大量实验和经验总结获得。

3.3.2 基于坡度变化的滤波算法

基于坡度变化的滤波算法由 Vosselman 等提出（Vosselman，2000；Vosselman and Maas，2001；Vosselman，2002），该方法通过定义两点之间的可接受高差作为两点之间距离函数进行基于坡度变化的滤波算法研究，该方法根据相邻两点的高差以及衍生的坡度参数判断各点的地面点与非地面点的归属。该算法从地形坡度变化角度出发，根据区域内坡度变化规律确定最优滤波函数，该思想与数学形态学方法中的腐蚀运算相似。对于给定的高差值，随着两点间距离的减小，高程值大的激光脚点属于地面点的可能性就越小。假设 A 为原始数据集，DEM 为地面点集，那么满足式(3-6)滤波函数的点就是 DEM 的元素。

$$DEM=\{p_i\in A\,|\,\forall_{p_j}\in A\colon h_{p_i}-h_{p_j}\leqslant\Delta h_{\max}[\mathrm{d}(p_i,p_j)]\} \quad (3\text{-}6)$$

即如果对于给定的点 p_i，找不到邻近的点 p_j 使得它们满足关系式 $h_{p_i}-h_{p_j}\leqslant \Delta h_{\max}[\mathrm{d}(p_i,p_j)]$，那么点 p_i 就可划分为地面点，此时：

$$h_{p_i}-h_{p_j}>\Delta h_{\max}[\mathrm{d}(p_i,p_j)] \quad (3\text{-}7)$$

该算法的思路是判断两个相邻激光点之间的高差，如果高差大于设定的阈值，认为是不同地物之间引起的，而非地形突变影响。在此前提下，点之间的距离不断减小，高程越大的数据点是地面点的概率就越小。由于该算法是通过判断点间高差的大小来确定该点是否被确定为地面点或非地面点，所以精度在一定程度上受点云密度影响较大，当密度高的时候，分类误差低，呈现比较好滤波效果；反之在点云具有较小密度时，误差越大，滤波效果差。坡度滤波算法能够较好地保留地形特征，但其自适应性有待提高（杨洋等，2008）。

3.3.3　移动曲面拟合滤波算法

移动曲面拟合滤波算法（张小红和刘经南，2004）是假设地形表面是一个复杂的空间曲面，这个曲面在其任一局部面元都可以利用一个简单的二次曲面［式(3-8)］去逼近拟合表达。

$$Z_i = f(X_i, Y_i) = a_0 + a_1 X_i + a_2 Y_i + a_3 X_i^2 + a_4 X_i Y_i + a_5 Y_i^2 \tag{3-8}$$

当局部面元小到一定程度，即可用一个平面来近似表达：

$$Z_i = f(X_i, Y_i) = a_0 + a_1 X_i + a_2 Y_i \tag{3-9}$$

基于上述假设，选取具有一定范围的窗口来连续寻找最低点以构建粗糙的地形模型。在此步骤中，所有大于设定阈值的点都将被滤除，从而获得精度更高的DEM。重复上述过程，但不能忽略一直变小的移动窗口，阈值和移动窗口大小的设定都会影响滤波效果。如果阈值过大，则许多植被点将被错误地分类为地面点；如果阈值过小，一些不连续的变化非常小的区域也将被平滑滤除。如果将窗口设置过小，会将部分比较大的建筑点错误地视为地面点；如果窗口太大又会将部分不连续且比较小的地形过滤掉，导致地形过于平滑。通常情况下，如何设置准确的阈值和窗口尺寸取决于测区的具体情况，应根据不同的地形设置不同的阈值和窗口大小。

该方法简单明了，运算速度快，而且在基本不受地形限制的同时，还能保证一定的数据密度，确保趋势面更新较快，此外算法还要保持局部地形数据的离散分布，避免数据点的畸形分布。

3.3.4　基于不规则三角网的滤波算法

不规则三角网（triangulated irregular network，TIN）滤波算法（Axelsson，2000）基本原理是对原始 LiDAR 点云数据格网划分，根据测区最大建筑物尺寸确定格网间距，选取每个格网区域内高程最低点作为种子点构成初始稀疏 TIN 模型；对 TIN 网中的每个点，通过判断其反复角和反复距离是否小于给定的阈值对其进行分类；每个小于阈值的地面点即时加入 TIN 网中，迭代滤波，直到没有新的地面点产生为止。其中反复角、反复距离定义如下：图 3-5 中 $\triangle V_1 V_2 V_3$ 为 TIN 模型中任一三角形，P 为三角形上方的任一离散点，点 P 到三角形平面的垂距 d 即为反复距离；PV_1、PV_2、PV_3 与三角形平面的夹角 $\angle a$、$\angle b$、$\angle c$ 称为反复角。滤波过程中反复角与反复距离的阈值随着迭代过程不断变化，对于不同测区数据，根据覆盖区域地形地物的复杂程度初始阈值设定不等，反复角一般取值范围 $6°\sim 50°$，最终阈值一般为 $2°\sim 10°$（王竞雪等，2019）。该算法在城市区域和森林地区具有良好的适用性，且已在商业软件 TerraSolid 中应用（邵悦，2019）。

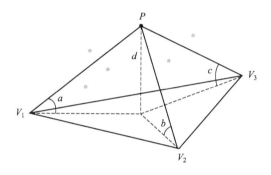

图 3-5   TIN 滤波原理

该算法通过向下加密过程和向上加密过程来提取地表点云，最终加密后得到的 TIN 上的点被认为是地面点，而其余的点被分类为地物点。

在向下加密的过程中，首先研究区域所有点云数据被约束在最小矩形范围内，在该最小矩形的四个角点处搜索距离最近点，并将这些点视作地面点，构建初始的两个三角形；接着分别在两个三角形内搜索高程最低值点构建新的三角形。依此迭代搜索，直到三角形内所有点都大于角点高程，停止搜索。接着算法利用向上加密的过程，对构建的 TIN 进行精炼，达到最优化结果。该算法对于角点的选择要求很高，初始 TIN 效果直接影响地面点的最终提取结果。

该算法优点是流程清楚，计算思路明确，适合点云数据量比较大的情况，同时在地形比较复杂的区域，也可以取得很好的效果；其缺点就是很容易受到低于地面点的错误点的严重影响，所以，在使用该算法前应先剔除点云数据中的噪声点；此外，该方法受初始 DEM 影响较大，容易产生误差累积。

3.3.5 布料模拟滤波算法

（1）布料模拟滤波算法的原理

布料模拟滤波算法（cloth simulation filtering，CSF）是由张吴明教授在 2016 年提出的（Zhang et al，2016a）。CSF 算法是一种 3D 计算机图形算法，与传统的滤波方法相比存在较大差异。CSF 实现的原理为：设想在重力作用下，虚拟布料受重力作用下落，然后落至地形表面，假设布料柔韧性足够好，能够贴附在地形表面上，那么产生的形状属于 DSM。当地形翻转以后，布料具有一定的硬度，对硬度的定义可以通过刚性参数实现，则布料的最终形状是 DEM，如图 3-6(a) 所示。在布料组成上，引入质点弹性模型概念，即将组成布料的节点视为彼此相连形成网格模型，如图 3-6(b) 所示。这里的质点是假设为具有质量且保持恒定特性的点，点与点之间具有拓扑不变性。算法用质点表示在三维空间内布料在与地物或地面接触时所呈现出的位置及形态。通过分析布料节点与相应点云数据之间的相互作用力，最终确定布料的形状，实现数据滤波并得到地面点和非地面点（Zhang et al，2016b）。

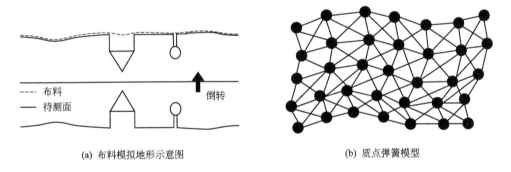

(a) 布料模拟地形示意图　　　　　　　　　　　(b) 质点弹簧模型

图 3-6　CSF 算法示意图

（2）布料几何形状的确定

算法运行布料受重力影响自由下落，其几何形状取决于其承受力的外力和内力情况。外力即布料本身重力和与激光点碰撞后的弹力，而质点之间的连接关系决定着点间内力情况，最终决定布料的几何形状。参照牛顿第二定律，质点的受力以及位置之间的关系如式(3-10) 所示。

$$m \frac{\partial x(t)}{\partial t^2} = F_{ext}(X,t) + F_{int}(X,t) \qquad (3\text{-}10)$$

式中，X 代表某个时刻 t 时质点所处的位置；$F_{ext}(X,t)$ 代表质点所承受的外部作用力（重力和弹力）；$F_{int}(X,t)$ 代表某个时刻 t，格网点处于 X 位置时所受的牵引力大小。计算过程中，布料外力和内力不断发生变化，需对上式进行积分运算，实现模拟。

当不计内力和外力时，布料格网点受到作用力同所处位置之间的关系可以定义为：

$$X(t+\Delta t)=2X(t)-X(t-\Delta t)+\frac{G}{m}\Delta t^2 \tag{3-11}$$

式中，m 代表的为布料格网点的质量，在此设定为常数 1；Δt 代表时间间隔；G 代表的为重力加速度。根据 Δt 和初始位置即可求解当前时刻布料格网点的位置。

布料格网与地物之间的外力作用结束后，质点会受到弹力的影响，其在弹力的作用下也会出现一定的移动，距离记作 d，且满足：

$$\vec{d}=\frac{1}{2}b(\vec{p}_t-\vec{p}_0)\vec{n} \tag{3-12}$$

式中，b 的取值为 1 或者 0，1 代表的质点可发生移动，0 代表的质点不可发生移动；$\vec{p}_t$ 代表的为当前目标质点的位置向量；$\vec{p}_0$ 为相邻点的位置向量；$\vec{n}$ 所代表的是垂直向量。

弹力作用下，质点可以出现多次移动，用刚度参数 RI 表示此过程移动的次数。假设两点初始高差为 H，当 $RI=1$，可移动质点只移动一次，移动距离为 $H/2$；当 $RI=2$，可移动质点移动两次，移动距离为 $H/2+H/4$，即 $3H/4$；当 $RI=3$，可移动质点移动三次，移动距离为 $H/2+H/4+H/8$，即 $7H/8$。因此，RI 越大，可移动点与不可移动点之间的拉力越大，越接近于平面。

布料滤波算法简单明了、参量较少、运算速度快、自适应性强、滤波性能基本上不受地形条件和地物数量的限制，针对相对平坦区域滤波效果较好。但该算法对既包含陡峭区域又包含平坦区域的点云数据滤波效果并不理想，滤波后部分陡坡点云会有错分，这和算法本身有关系。因模拟的布料点在陡峭区域所受邻近点牵扯力作用回移的位移较多，使布料点远离地面，造成部分陡坡点被误分为非地面点（张昌赛等，2018；邵悦，2019）。但算法经过坡度后处理能够有效弥补这一缺点，算法得到了进一步的改进。

3.4 GF-2影像数据预处理

遥感影像获取后需要经过一系列的数据预处理才能进行定量分析。遥感影像预处理一般包括辐射定标、大气校正、几何校正和图像增强等，本书采用 ENVI 平台完成数据预处理过程。

3.4.1 辐射定标

辐射定标是将遥感器获取的数字量化输出值（digital numbers，DN）变换为遥感器光谱辐射亮度或大气顶层反射率的处理过程，即将图像的亮度灰度值转换为绝对的辐射亮度的过程（张安定，2016）。利用 DN 值计算遥感器光谱辐射亮度的公式为：

$$L_e(\lambda_e) = DN \times Gain + Offset \tag{3-13}$$

式中，$L_e(\lambda_e)$ 为转换后辐射亮度，$W \cdot m^{-2} \cdot sr^{-1} \cdot \mu m^{-1}$；Gain 为定标斜率，$W \cdot m^{-2} \cdot sr^{-1} \cdot \mu m^{-1}$；Offset 为绝对定标系数偏移量，$W \cdot m^{-2} \cdot sr^{-1} \cdot \mu m^{-1}$，空缺值为 0。

Gain 的计算公式为：

$$Gain = (L_{max} - L_{min})/(DN_{max} - DN_{min}) \tag{3-14}$$

Offset 的计算公式为：

$$offset = L_{min} - (L_{max} - L_{min})/(DN_{max} - DN_{min})DN_{min} \tag{3-15}$$

故公式(3-13)另一种表达式为：

$$L_e(\lambda_e) = (L_{max} - L_{min})(DN - DN_{min})/(DN_{max} - DN_{min}) + L_{min} \tag{3-16}$$

式中，DN_{max} 为像元可以取的最大 DN 值，为 255；DN_{min} 为像元可以取的最小 DN 值；L_{max} 和 L_{min} 分别为 DN 值取 DN_{max} 和 DN_{min} 的光谱辐射亮度。

2015 年 GF-2 卫星辐射定标系数如表 3-2 所示。

表 3-2 2015 年 GF-2 卫星辐射定标系数

传感器	Pan	B1		B2		B3		B4	
		Gain	Offset	Gain	Offset	Gain	Offset	Gain	Offset
GF-2 PMS1	0.1538	0.1457	0	0.1604	0	0.155	0	0.1731	0
GF-2 PMS2		0.1761	0	0.1843	0	0.1677	0	0.183	0

注：pan 为全色波段；B1 为多光谱 1 波段；B2 为多光谱 2 波段；B3 为多光谱 3 波段；B4 为多光谱 4 波段。

3.4.2　大气校正

遥感卫星传感器接收的辐射主要来源包括地表辐射、大气辐射和大气辐射到地表后经地表的辐射。大气校正是消除大气对辐射能的散射、吸收等引起遥感图像获取的辐射值产生的误差，以获取真实的地表反射率的过程。

若大气均一且地面为均匀的朗伯体，遥感卫星接收地物辐射信号的定量表达式为（王钊，2006；徐凯健等，2017）：

反射率 $\rho^*(\theta_s, \theta_v, \varphi_s, \varphi_v)$ 的表达式为：

$$\rho^*(\theta_s, \theta_v, \varphi_s, \varphi_v) = \rho_a(\theta_s, \theta_v, \varphi_s, \varphi_v) + \frac{T(\theta_s)}{1-\rho_e^s}[\rho_s e^{\frac{-\tau}{\mu_v}} + \rho_e t_d(\theta_v)] \quad (3\text{-}17)$$

大气反射半球率表达式为：

$$s = 1 - \int_0^1 \mu T(\mu)\,du \quad (3\text{-}18)$$

向下的总透过率表达式为：

$$T(\theta_s) = e^{\frac{-\tau}{\mu_s}} + t_d(\theta_s) \quad (3\text{-}19)$$

向上的总透过率表达式为：

$$T(\theta_v) = e^{\frac{-\tau}{\mu_v}} + t_d(\theta_v) \quad (3\text{-}20)$$

式中，θ_s 是太阳天顶角；θ_v 是观测天顶角；φ_s 是太阳方位角；φ_v 是观测方位角；τ 是大气光学厚度；$\mu_v = \cos\theta_v$，$\mu_s = \cos\theta_s$；ρ_s 表示目标像元反射率；ρ_e 是邻近像元反射率；$t_d(\theta_s)$ 是向下的散射辐射透过率；$t_d(\theta_v)$ 是向上的散射辐射透过率；$\rho_a(\theta_s, \theta_v, \varphi_s, \varphi_v)$ 是大气程辐射反射率，其表达式为：

$$\rho_a(\theta_s, \theta_v, \varphi_s, \varphi_v) = \frac{\int R(\lambda) E_\lambda \mu_s T_g^\lambda(\theta_s, \theta_v) \rho_\lambda^a \, d\lambda}{\int R(\lambda) E_\lambda \mu_s \, d\lambda} \quad (3\text{-}21)$$

式中，$R(\lambda)$ 是光谱响应函数；λ 是波长；E_λ 是大气层外太阳光谱辐射能量；$T_g^\lambda(\theta_s, \theta_v)$ 大气透过率；ρ_λ^a 是瑞利散射和气溶胶散射的反射率；ρ_e 是邻近像元的平均空间反射率，其表达式为：

$$\rho_e = \frac{1}{t_d(\theta_v)} \iint \rho_s(x, y) e(x, y, \theta_v) \, dx \, dy \quad (3\text{-}22)$$

式中，(x, y) 是邻近像元距离目标像元的位置；$e(x, y, \theta_v)$ 是大气扩散函数。

按照校正的过程，可以分为直接大气校正方法和间接大气校正方法（Yoram，1996；Shunlin Liang，2001）。直接大气校正是依据研究区域获取影像数据时大气的状况来对数据中光谱值进行调整，进而消除或减弱大气带来的干扰。大气状况可以通过搜集当地实测数据资料，或者采用标准模式大气数据，同时还可以根据遥感数据本身进行反演得到。间接大气校正通常采用固定的数学模型，通过改进和重新定义，形成新的形式，进而从数学模型角度刚性减少大气影响（阎鑫，2020）。

在诸多的大气校正方法中辐射传输模型法（radiative transfer models，RTM）应用较多。该方法是利用电磁波在大气中的辐射传输原理建立起来的模型对遥感图像进行大气校正，其算法在原理上与其他方法基本相同，差异在于不同的假设条件和适用的范围（郑伟和曾志远，2004）。RTM 中应用最为广泛的模型包括 6S（second simulation of the satellite signal in the solar spectrum）、MODTRAN（moderate resolution transmission）、LOWTRAN（low resolution transmission）和 ATOCOR（a spatially-adaptive fast atmospheric correction）模型等（吴北婴等，1998；王建等，2002）。本书选用基于改进 MORTRAN 模型的 FLAASH 模型进行大气校正。参数设置包括：

中心波长输入：514nm、546nm、656nm、822nm

传感器类型：UNKNOWN-MSI

传感器高度：631km

像素大小：4km

采集日期和时间：依据数据属性填写

其他默认。

3.4.3 几何校正

几何校正是遥感影像最基本的预处理内容之一，是对图像变形进行纠正的实现过程。通过建立数学模型来解释图像变形，利用变形后影像和标准影像之间的对应控制点匹配计算几何校正模型，并基于几何模型进行影像校正，改正和消除原始图像上各地物的几何位置、形状、尺寸、方位等特征与在参照系统中的表达要求不一致时产生的变形。几何校正过程包括像素坐标转换和像素亮度值重采样（Pfeifer et al，1999）。

设两幅图像坐标系统之间几何畸变关系能用解析式来描述为：

$$x' = h_1(x, y)$$

$$y' = h_2(x, y)$$

若函数 $h_1(x, y)$ 和 $h_2(x, y)$ 已知，则可以从一个坐标系统的像素坐标算出在另一个坐标系统的对应像素的坐标；在未知情况下，通常 $h_1(x, y)$ 和 $h_2(x, y)$ 可用下列多项式来近似：

$$x' = \sum_{i=0}^{N-1} \sum_{j=0}^{N-1} a_{ij} x^i y^j \tag{3-23}$$

$$y' = \sum_{i=0}^{N-1} \sum_{j=0}^{N-1} b_{ij} x^i y^j \tag{3-24}$$

式中，N 为多项式的次数；a_{ij} 和 b_{ij} 为各项系数。

坐标变化常用的方法包括共线条件方程、多项式纠正以及有理函数模型（rational fuction model，RFM）等。

重采样是几何精校正中一个必不可少的环节，是在输出图像的各个像元于输入图像坐标系的相应位置按行列的顺序依次对每个像元点 $G(E, N)$ 进行反向运算，求出该点在原始遥感图像中的对应点 $F(X, Y)$，然后再求出该点的灰度值 $f(x, y)$，该点的灰度值也即是像元点 $G(E, N)$ 的灰度值。重采样的过程也就是根据已经校正好的图像中的各像元点的坐标，求出未经过校正的图像上的该点所对应的点坐标的过程，公式如式(3-25) 所示。

$$\begin{cases} x = G_x(X, Y) \\ y = G_y(X, Y) \end{cases} \tag{3-25}$$

$$F(X, Y) = G(E, N)/L$$

$$求 \ f(x, y)$$

$$f(x, y) \to G(E, N)$$

式中，G_x 和 G_y 为间接校正转换函数。

重采样方法应用较为广泛的包括最近邻点法、双线性内插法和三次卷积法等。最近邻点法是使用最近的输入像素计算输出像素值；双线性内插法使用四个最邻近像素的距离加权值来计算像素值；三次卷积法通过拟合穿过 16 个最邻近输入像素中心的平滑曲线确定像素的新值。

本书利用 ENVI 提供的 RPC 校正模型完成几何校正，重采样方法采用三次卷积法。

3.4.4　图像增强

图像增强指利用各种数学方法和变换算法提高图像中的对象与非对象的对比度

及图像清晰度。对象指所研究目标，非对象指对象以外的背景，突出人或其他接收系统所感兴趣的部分，而遥感图像增强则指用各种数学方法和变换算法提高某灰度区域的反差、对比度与清晰度，从而提高图像显示的信息量，使图像有利于人眼分辨。

遥感图像增强处理种类一般包括空间域增强处理、辐射增强处理、光谱增强处理、傅里叶变换以及波段组合处理等。空间域增强处理是通过直接改变图像中的单个像元及相邻像元的灰度值来增强图像，例如卷积滤波方法；辐射增强处理是通过对单个像元的灰度值进行变换来增强处理，例如直方图匹配、直方图拉伸、去条带噪声等；光谱增强处理是基于多光谱数据对波段进行变换达到图像增强处理，如主成分变换、独立成分变换、色彩空间变换、色彩拉伸等；傅里叶变换是将图像从空间域转换到频率域，将图像波段转换成一系列不同频率的二维正弦波傅里叶图像，之后对其进行滤波、掩模等操作，减少或者消除部分高频或者低频成分，再把频率域的傅里叶图像变换为空间域图像的过程；波段组合处理是根据不同的用途选择不同波长范围内的波段作为 RGB 分量合成 RGB 彩色图像，如经常用到的自然彩色图像、标准假彩色图像、模拟真彩色图像等。本书采用辐射增强处理中的直方图拉伸方法对实验区影像进行增强处理。

经过上述图像预处理后，实验区一、实验区二影像如插页图 3-7 所示。

本章小结

本章主要论述了两部分内容，一是 LiDAR 数据的去噪和滤波方法；二是高分影像的预处理过程。本章介绍了 LiDAR 数据去噪传统的 K-means 算法和 DBSCAN 算法，并对实验区数据进行了处理，并对处理前后的数据进行了统计。点云滤波的精度直接关系到非地面点和地面点的划分，本章介绍了数学形态学、坡度变化、移动曲面拟合、TIN 算法和布料模拟算法的原理及适用性。本章重点介绍实验数据之一的国产 GF-2 卫星数据，并阐述了卫星影像预处理的主要内容和步骤，为展开实验做好准备。

第4章
建筑物点云数据提取

由于城市中建筑物数量占比最大，点云数据对于建筑物信息描述较为清晰。一方面 LiDAR 数据中建筑物的回波次数、强度方面与其他基础地理信息类别差别较大，能够有效避免与裸地混淆、植被遮挡混生等问题，提高建筑物轮廓边界信息提取精度，达到较好效果；另一方面，点云数据与遥感影像数据融合时的插值和栅格化会损失建筑物的边缘信息，不利于建筑物有效提取。综上，在前人研究成果的基础上，根据实验区数据特点，本书采用 LiDAR 数据直接提取建筑物信息。

4.1 点云滤波处理

4.1.1 布料模拟滤波优化

布料模拟滤波算法基本思想详见 3.3.5。本节采用张吴明教授（Zhang et al，2016b）优化了的布料模拟方法，对实验区数据进行滤波处理。

如插页图 4-1 所示，算法思路为初始状态时假定在倒置的激光雷达测量上方放置一块布料 [图 4-1（a）]，布料随重力下落，每个质点的位移都是在重力的影响下计算出来的，一些粒子可能出现在激光点下方 [图 4-1（b）]；将那些处在地面下的质点移动到地面上并设置为不可移动点；由于布料质点间内力影像，其他可移动的粒子自动根据相邻粒子产生的力移动 [图 4-1（c）、（d）]。

由图 4-1（d）不难看出，在坡度变化严重的区域，布料质点位置的选择直接影响着算法质量，此时需要设置刚度参数，详见 3.3。即使有人工阈值的干预，坡度变化较大地区滤波时仍然会有精度损失，为了更好地解决这个问题，需要进行坡度后处理。将点云以及初始模型质点一起投影到水平面中，同时将全部激光点云同最近的质点匹配，建立一对一的对应关系。如插页图 4-2 所示，D 为可移动点，A 为不可移动点。对比 D、C 同 A、B 所存在的高度差，以此作为依据来判定 D 点是否属于不可移动点（Zhang et al，2016b）。

CSF 滤波方法的具体流程如下：

① 将原始点云数据进行翻转；

② 将布料置于待处理的原始激光点云上方并设置布料模拟参数；

③ 针对原始点云数据实施网格划分，然后搜索与每个布料网格点匹配的最近距离的激光点，判断是否为可移动点，若不可移动，则将该点高程计作碰撞点高程值；

④ 如果是可移动点，则计算该点在外作用力下的位置并计算该点与碰撞点的高差，若高差小于等于 0，则将该点的高程设置为碰撞点高程值，并将其设置为不可移动点；

⑤ 计算在内作用力下每个可移动布料格网点所需要调整的位移；

⑥ 重复④以及⑤，直到迭代次数不低于最大迭代的次数，迭代结束；

⑦ 判断布料格网点和与其相匹配的原始激光点云间的高差值是否小于阈值，若小于高差阈值，则为地面点，反之为非地面点。

4.1.2 基于布料模拟算法的点云滤波处理

基于布料模拟算法的点云滤波处理涉及 5 个参数：格网分辨率、分类阈值、迭代次数、布料硬度和坡度后处理。格网分辨率就是布料格网的大小，设置过小会导致计算量过大；设置过大则会导致布料格网过于粗糙，会将很多点云的属性误判。原则上格网分辨率应和点云密度相当或者是点云密度的 2~3 倍。本书实验区均设置为 0.5m。分类阈值是用来判断将距离地面多高的点判定为地面点的依据，本实验设置为 0.2m。迭代次数，程序中会判断当改变量小于一定阈值时自动终止迭代过程，本实验将迭代次数设置为 500。布料硬度可以结合地形坡度的变化来确定布料刚性参数，地形越平缓，布料的刚性参数越大。本实验设置了三种刚性参数，即 $RI=1$，2，3。坡度后处理是一个布尔值，为可选项，ST 为坡度拟合因子。当地形较陡峭时，需要进行坡度后处理，则 $ST=$ True；当地形较平坦时，不需要进行坡度后处理，则 $ST=$ False。

本书三个实验区点云滤波处理后的数据如插页图 4-3 所示。

由图 4-3 可以得出：三个实验区点云数据经过滤波处理后，地面点和非地面点分离；实验区一和实验区二滤波地面较为平坦，实验区三右侧地表有起伏且明显高于左侧；实验区二植被量较大，且与建筑物相间交错，实验区三道路较多且两侧植被丰富。

三个实验区域属于城镇区域，局部没有地形突变的情况（例如深坑、土堆等），但经过滤波后，仍然会出现漏分和错分现象，进而产生Ⅰ类误差和Ⅱ类误差。本书依此评价点云滤波精度。

4.1.3　点云滤波处理精度分析

点云滤波结果可以通过定性与定量两种方式评价。定性评价指通过主观目视，对比俯视图、侧视图以及观察高程值变化情况等来判断滤波后的精度，或者采用局部区域抽样检查的方法；定量评价方法指通过统计滤波处理分离后的地面点与非地面点的数量，并统计其各自包含的错分的点的数量，通过比值计算衡量滤波结果。错分和漏分的数据量可以通过高程约束和强度信息判读。本书实验中，定性分析结果如插页图 4-3 所示；定量分析采用交叉表法和 Kappa 系数作为评定准则。

（1）交叉表法

交叉表法采用的交叉表评价体系由 ISPRS 提出。ISPRS 采用Ⅰ类误差、Ⅱ类误差和总误差来评价一致性。Ⅰ类误差为漏分误差，指错误地把地面点认为非地面点的概率；Ⅱ类误差为错分误差，指错误地把非地面点认作地面点的概率；总误差则是分类结果与参考数据不一致的概率（胡永杰等，2015）。如表 4-1 所示。

表 4-1　交叉表评价体系

参考数据	滤波结果		总和
	地面点	非地面点	
地面点	a	b	$e=a+b$
非地面点	c	d	$f=c+d$
总和	$g=a+c$	$h=b+d$	$n=e+f$

注：1. a 为正确分类地面点的个数。

2. b 为地面点被误分类为非地面点的个数。

3. c 为非地面点误分为地面点的个数。

4. d 为正确分类非地面点的个数。

5. g 为滤波结果中地面点的个数。

6. h 为滤波结果中非地面点的个数。

Ⅰ类误差、Ⅱ类误差和总误差具体计算公式如下：

Ⅰ类误差：

$$\text{errorType}\ \text{I} = \frac{b}{a+b} \times 100\%\tag{4-1}$$

Ⅱ类误差：

$$\text{errorType}\ \text{II} = \frac{c}{c+d} \times 100\%\tag{4-2}$$

总误差：

$$\text{errorO} = \frac{b+c}{a+b+c+d} \times 100\%\tag{4-3}$$

（2）Kappa 系数法

Kappa 系数通常用于影像分类后的精度评定，用于衡量分类结果与真实数据的一致性程度。它是通过把所有地表真实分类中的像元总数乘以混淆矩阵对角线的和，再减去某一类地表真实像元总数与该类中被分类像元总数之积对所有类别求和的结果，再除以总像元数的平方减去某一类地表真实像元总数与该类中被分类像元总数之积对所有类别求和的结果（唐万等，2015），计算公式为：

$$\text{Kappa} = \frac{p_0 - p_e}{1 - p_e}\tag{4-4}$$

式中，p_0 是每一类正确分类的样本数量之和除以总样本数，也就是总体分类精度；p_e 是偶然一致性误差。假设每一类的真实样本个数分别为 a_1，a_2，…，a_C，而预测出来的每一类的样本个数分别为 b_1，b_2，…，b_C，总样本个数为 n，则有：

$$p_e = \frac{a_1 b_1 + a_2 b_2 + \cdots + a_c b_C}{nn}\tag{4-5}$$

Kappa 计算结果为 $-1 \sim 1$，但通常 Kappa 是落在 $0 \sim 1$ 间。可分为五组来表示不同级别的一致性，如表 4-2 所示。

表 4-2　Kappa 系数不同的级别

Kappa 系数	0.00～0.20	0.21～0.40	0.41～0.60	0.61～0.80	0.81～1.00
一致性	极低的一致性（slight）	一般的一致性（fair）	中等的一致性（moderate）	高度的一致性（substantial）	几乎完全一致（almost perfect）

Kappa 系数通常被用于遥感影像分类后的精度评定。文献（Meng et al，2009；SHAO Yichen and CHEN Liangchien，2008）采用 Kappa 系数作为点云滤波算法

精度的评定准则，用以衡量分类结果与参考数据吻合程度。Kappa 系数值越大，分类结果与参考数据吻合度就越高。根据表 4-1 和文献（赵英时，2003），Kappa 系数定义为：

$$\text{Kappa} = [n(a+d) - (ge+hf)]/[n^2 - (ge+hf)] \qquad (4\text{-}6)$$

（3）实验区滤波精度评价

由于三个实验区域地表地势无突变现象，亦无高大、突变的地物（例如电视塔等），故本书计算整个实验区的 I 类误差、II 类误差、总误差和 Kappa 系数。通过开源点云处理软件 Cloud Compare 加载自定义模块，结合人工判读、统计，完成 LiDAR 点云滤波精度分析。

实验区一 CSF 滤波处理后点云情况如表 4-3 所示，根据公式计算得到该实验区点云滤波处理后 I 类误差为 9.33％，II 类误差为 7.80％，总误差为 8.57％，Kappa 系数为 0.82。

表 4-3　实验区一 CSF 滤波处理结果

参考数据	滤波结果		总和
	地面点	非地面点	
地面点	1159228	118310	1277538
非地面点	87959	1157884	1245843
总和	1247187	1276194	2523381

实验区二 CSF 滤波处理后点云情况如表 4-4 所示，根据公式计算得到该实验区点云滤波处理后 I 类误差为 8.06％，II 类误差为 3.26％，总误差为 5.27％，Kappa 系数为 0.89。

表 4-4　实验区二 CSF 滤波处理结果

参考数据	滤波结果		总和
	地面点	非地面点	
地面点	17752813	1645561	19398374
非地面点	2185640	32080478	34266118
总和	19938453	33726039	54664492

实验区三 CSF 滤波处理后点云情况如表 4-5 所示，根据公式计算得到该实验区点云滤波处理后 I 类误差为 2.85％，II 类误差为 4.38％，总误差为 3.65％，Kappa 系数为 0.92。

表 4-5　实验区三 CSF 滤波处理结果

参考数据	滤波结果		总和
	地面点	非地面点	
地面点	728827	21406	750233
非地面点	35834	780500	816334
总和	764661	801906	1566567

由此得出，三个实验区点云滤波处理后的 Ⅰ 类误差和 Ⅱ 类误差均小于 10%，Kappa 系数均在 0.8 以上，滤波效果较好。

（4）CSF 与其他滤波方法对比

为了进一步验证布料模拟滤波算法在实验区点云处理中的效果，本书利用数学形态学滤波算法和基于坡度的滤波方法与其对比，分别探讨这两种方法处理本书实验数据的结果。

① 形态学滤波处理。形态学滤波的主要思想是运用数学形态学中的腐蚀和膨胀运算去除点云中较高的点云而保留较低的点云来达到提取地面点的目的，原理详见第三章。该方法一般步骤包括：点格网化、格网化数据形态学运算、原始点云与格网数据的高差阈值判断等。本书形态学滤波算法参数选择包括：格网大小 1m，低地面点最小高差 1m、最大高差 80m，相邻格网内两中心点坡度取 1，原始地面点云与格网数据的高差阈值即波动范围取 0.5m。实验区形态学滤波处理后点云情况如表 4-6～表 4-8 所示。

表 4-6　实验区一形态学滤波处理结果

参考数据	滤波结果		总和
	地面点	非地面点	
地面点	300040	69560	369600
非地面点	260502	1893279	2153781
总和	560542	1962839	2523381

表 4-7　实验区二形态学滤波处理结果

参考数据	滤波结果		总和
	地面点	非地面点	
地面点	12408538	1511694	13920232
非地面点	5606856	34137404	39744260
总和	18015394	35649098	53664492

表 4-8 实验区三形态学滤波处理结果

参考数据	滤波结果		总和
	地面点	非地面点	
地面点	690746	139626	830372
非地面点	74211	661984	736195
总和	764957	801610	1566567

② 坡度滤波处理。坡度滤波的主要思想是根据相邻地面点与地物点的高程突变特性达到提取地面点的目的，方法原理详见第三章。本书采用的坡度滤波算法参数设置主要包括：格网大小 1m，低地面点最小高差 1m、最大高差 80m，相邻格网内两中心点坡度取 1，原始地面点云与格网数据的高差阈值即波动范围取 0.5m。实验区坡度滤波结果如表 4-9～表 4-11 所示。

表 4-9 实验区一坡度滤波处理结果

参考数据	滤波结果		总和
	地面点	非地面点	
地面点	603207	105004	708211
非地面点	206577	1458593	1665170
总和	809784	1563597	2373381

表 4-10 实验区二坡度滤波处理结果

参考数据	滤波结果		总和
	地面点	非地面点	
地面点	13008538	1511694	14520232
非地面点	5006856	34137404	39144260
总和	18015394	35649098	53664492

表 4-11 实验区三坡度滤波处理结果

参考数据	滤波结果		总和
	地面点	非地面点	
地面点	469782	86297	556079
非地面点	68507	941981	1010488
总和	538289	1028278	1566567

（5）三种滤波方法对比

本书采用 CSF 算法、形态学算法以及基于坡度算法对三个实验区进行了点云滤波处理。三种方法处理后的Ⅰ类误差、Ⅱ类误差、总误差和 Kappa 系数如表 4-12～表 4-14 所示。

表 4-12　实验区一滤波结果精度对比

滤波方法	第 I 类误差/%	第 II 类误差/%	总误差/%	Kappa 系数
CSF 算法	9.26	7.06	8.17	0.84
形态学算法	18.80	12.09	13.08	0.57
基于坡度算法	14.82	12.41	13.12	0.70

表 4-13　实验区二滤波结果精度对比

滤波方法	第 I 类误差/%	第 II 类误差/%	总误差/%	Kappa 系数
CSF 算法	8.07	6.38	7.01	0.81
形态学算法	10.86	14.11	13.26	0.68
基于坡度算法	10.41	12.79	12.15	0.71

表 4-14　实验区三滤波结果精度对比

滤波方法	第 I 类误差/%	第 II 类误差/%	总误差/%	Kappa 系数
CSF 算法	2.85	4.38	3.65	0.92
形态学算法	16.81	10.08	13.65	0.73
基于坡度算法	15.51	6.78	9.88	0.78

从表中可以看出，实验区一的 CSF 算法 I 类误差为 9.26%、II 类误差为 7.06%、总误差 8.17%、Kappa 系数 0.84；实验区二的 CSF 算法 I 类误差为 8.07%、II 类误差为 6.38%、总误差 7.01%、Kappa 系数 0.81；实验区三的 CSF 算法 I 类误差为 2.85%、II 类误差为 4.38%、总误差 3.65%、Kappa 系数 0.92。总体 CSF 优于其他两种方法，原因一是实验区一和实验区三为传统机载 LiDAR 数据，点云密度相对较低，算法处理结果区别明显；二是实验区二和实验区三非地面点面积占优，更适合 CSF 算法。三种滤波算法处理结果（部分）对比如插页图 4-4 所示。

4.2　建筑物点云提取方法

城市基础地理信息分类中，建筑物所占比重最大，与其他地物信息相比，建筑物具有高程特性明显、轮廓相对规则等特点。在滤波处理后的点云数据中，采用适当的提取算法，结合点云的高程信息，能够较好地提取建筑物。基于此，本书利用点云数据直接提取建筑物。

目前建筑物提取方法，大致可分为两类：一类是根据特征直接对 LiDAR 数据分类，最后提取出建筑物点云。Rottensteiner 和 Briese 结合高差阈值、点云深度以及图像纹理特征提取建筑物（Rottensteiner and Briese，2002）；Zhang 等首先利用滤波算法分离出非地面点，然后将非地面点与对应的近红外影像进行重叠，对每个非地面点计算其 NDVI（归一化植被指数）值，根据 NDVI 值的不同剔除大部分植被点，最后再利用基于多回波和面积特征的欧式聚类算法对建筑物进行提取（Zhang et al，2014）；Cheng 等利用一种基于反向迭代的数学形态学算法实现了建筑物点云自动提取（Cheng et al，2013）；曹鸿等采用梯度阈值和面积特征的区域生长算法对建筑物点云进行提取（曹鸿等，2014）。另一类则是面向对象的分类方法，该方法的思想是先分割后分类。首先将数据点分割为多个对象，并且依据特征对分割后的对象分类，进而提取建筑物点云。常见的区域生长分割算法将点云分割成多个同质区域，但是当植被紧邻建筑物屋顶时，得到的一些同质区域就会包含其他地物点。Niemeyer 等基于机器学习的条件随机场（conditional random fields，CRF）模型对分类提供了一个有力的概率框架，并利用随机森林分类器实现了建筑物点云提取（Niemeyer et al，2013）；Richter 等通过平滑约束的区域生长分割算法分割点云，然后利用多通道迭代算法（结合高差阈值和面积特征）对建筑物点云进行提取（Richter et al，2013）；Awrangjeb 和 Fraser 结合面积、高度差、空间位置、点云共面性等特征实现建筑物点云提取（Awrangjeb and Fraser，2014）；Zhang 等利用结合拓扑、几何、回波和辐射等特性的区域生长算法对点云分割，采用连通成分分析法和支持向量机（SVM）实现建筑物点云的提取（Zhang et al，2013）；有学者基于层近式的方法对建筑物点云进行提取，首先利用区域生长算法对点云分割，然后采用连通成分分析对初始建筑物点云进行欧式聚类，最后结合面积、高差等特征进一步区分建筑物和植被（李亮，2016；Mohammadi et al，2019；Wenzao Shi et al，2019）。此外，还有学者基于不规则三角网 TIN 实现建筑物点云提取方法（Verma et al，2006；Cici et al，2009；Dong Chen et al，2012），文献（Masayu et al，2020；Jozdani et al，2020）采用划分空间栅格方法估算法向量，针对扫描线上数据点计算曲率值，提取建筑物边缘，实现建筑物点云分割。

　　然而，基于这两种思想的建筑物提取方法过程都较为复杂且需要结合多个特征参数。在总结前人研究的基础上，本书提出两种建筑物点云信息提取方法。一种是统计点云法向量余弦的提取方法，另一种是基于扫描线的点间欧式距离统计提取方法。

4.3　基于点云法向量余弦值统计的建筑物提取

　　由于建筑物区域与植被区域是非地面点要素的主要构成部分，建筑物屋顶法向量方向基本一致，而植被表面法向量变化很大。根据建筑物屋顶与植被表面法向量特征的不同，利用基于开源点云库（Point Cloud Library，PCL）的区域生长算法对非地面点进行三维点云分割，实现基于曲率的区域分割方法。对区域生长分割后得到的每个集群中的点云计算局部法向量与 Z 方向的方向余弦，统计余弦值出现的点云个数并生成直方图。根据植被集群与建筑物集群的直方图分布特点的差别，将建筑物群与非建筑物群分离。基于点聚类的直方图提取流程如图 4-5 所示。

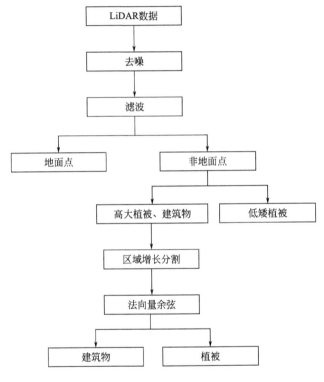

图 4-5 建筑物提取流程

4.3.1 基于曲率的区域生长分割算法

区域生长分割的基本原理是根据同一个物体区域内像素的相似性来构建初始区域，以初始区域为基础，将附近具有相似性质的像素加入到当前区域中，最后直至没有任何可归并的像素可加入到当前区域中，此时区域生长停止。目前基于区域生长的分割法也被广泛应用于三维激光点云的分割，由于三维点云数据具有方向性，可利用其方向信息作为相似性判定准则，对区域生长分割算法进行扩展。常见的分割算法如随机采样一致性（random sample consensus，RANSAC）、欧式距离分割、区域生长分割等。

本书通过调用 PCL 点云库中的区域生长分割类 PCL：Region Growing，将满足平滑约束的相邻点合并在一起，每簇点集属于同一个光滑表面，通过设定约束条件，并结合分割数据的融合需求，利用物体的特征将不同的目标物体从场景中分割出来，实现基于曲率的区域生长分割。该算法是一种基于点的法线角度差的分割，通过比较种子点与其邻域点之间的法线夹角，将小于平滑阈值的点云作为同一平滑曲面的部分。首先根据点的曲率值对点从小到大进行排序，初始种子点选择曲率最小的点开始生长。从最平滑的区域开始生长可降低分割片段的总数，进而提高分割效率，定义初始种子点所在区域就是最平滑的区域。其次搜索种子点相邻范围内的点，计算该种子点与每个相邻点之间的曲率，如果曲率小于设定的阈值，则将该邻近点视为和种子点的同质区域并删除当前的种子点，循环执行以上步骤，直到集中的点全部处理完毕，则该区域生长结束（周炳南等，2018）。

基于曲率的区域生长分割法的优点是能够有效地避免三维点云过度分割和欠分割的问题，具体算法的流程如下：

① 计算当前区域内点云数据的曲率大小，然后将曲率最小的点云作为初始种子点并加入种子序列内，并将其标记为当前的区域。在点云的曲面 Q 中存在一个点，记作 p，假设其同周边的邻域（3×3）所共同组成的协方差矩阵为 $C_{3\times3}$。此时满足在 p 处曲率 k_p 大小估算可参照下式：

$$C_{3\times3} = \begin{bmatrix} p_1 - \overline{p} \\ \vdots \\ p_k - \overline{p} \end{bmatrix}^{\mathrm{T}} \begin{bmatrix} p_1 - \overline{p} \\ \vdots \\ p_k - \overline{p} \end{bmatrix} \tag{4-7}$$

$$k_p = \frac{k_0}{k_0 + k_1 + k_2} \tag{4-8}$$

式中，p_1，p_2，$p_3 \cdots p_k$ 对应的是 p 的 k 个近邻点；k_0，k_1，k_2 则是对应 $C_{3\times3}$ 的特征值，其中 k_0 为最小特征值且 $k_p \in (0, 1/3)$。

② 对当前种子点的 k 个邻近点进行搜索，并求解其与近邻点之间法线的方向。若当前种子点的法线与其邻近点的法线之间的夹角小于角度阈值，则将这些邻近点添至当前聚类区域中。

③ 对种子点的 k 个邻近点对应曲率值求解。当曲率值小于设定阈值时，将该点加入种子点序列中，并删除当前点；利用新加入的种子点，继续搜索其邻近点，

通过迭代，直到种子序列清空为止。

④ 所有点被标记至不同点集后，迭代停止。在所有点处理完成后，区域生长分割结束。

对未处理过的点云不断进行上述操作，即可完成数据的区域生长聚类分割。

4.3.2 统计点云法向量余弦值的建筑物提取方法

基于曲率的区域生长分割后的点云数据中，邻近点云依据分割算法形成多个聚类集，主要包括建筑物、植被以及其他构筑物。可以通过 LiDAR 数据可视化软件手动将建筑物点云提取出来，但该方法效率低下，不适合大范围区域。而现有的建筑物提取算法均需结合多个特征参数且计算过程复杂（王雅男等，2017；李仁忠等，2020）。本书对基于 PCL 区域生长分割后得到的每个集群中的点云计算其局部法向量和与 Z 方向的方向余弦，统计余弦值出现的点云频数并生成直方图。根据植被集群与建筑物集群的直方图分布特点的差别，将建筑物集群与非建筑物集群分离，从而提取建筑物点云。

（1）主成分分析法

某点在曲面上的法向量问题可转换为计算点切面法线的问题，即将聚类分割后的点云数据构建拟合曲面，再求得过每一个点的曲面切面法线。本书利用主成分分析法（principal component analysis，PCA）计算向量。PCA 是一种降维的统计方法，它借助于一个正交变换，将其分量相关的原随机向量转化成不相关的新随机向量，这在代数上表现为将原随机向量的协方差阵变换成对角形阵，在几何上表现为将原坐标系变换成新的正交坐标系，使之指向样本点散布最开的 p 个正交方向，然后对多维变量系统进行降维处理，使之能以一个较高的精度转换成低维变量系统（邵悦，2019）。对于某点 p，其邻域内的全部点构成的协方差矩阵 Cov 表达式如式（4-9）所示。

$$Cov = \frac{1}{k-1} \sum_{i=1}^{k} (p_i - \overline{p})(p_i - \overline{p})^{\mathrm{T}} \qquad (4-9)$$

式中，k 为 p 邻域内的全部点个数；p_i 为邻域内的第 i 个点；$\overline{p}$ 为 p 点邻域内全部点的重心。

PCA 算法通过点的法向量，判断点云聚类区域拟合面的变化情况，当区域内点的法向量方向不变时，可以说明在这个方向上属于平面；反之为非平面，且变化幅度越大，代表表面波动越大，如图 4-6 所示，依此实现特征点的提取。

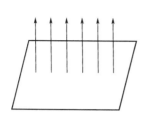 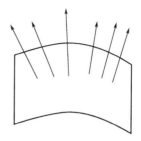

图 4-6　不同面的法向量

（2）求解点云法向量过程

① 随机选取一个点 p_i，其坐标记作（x_i，y_i，z_i）。

② 计算聚类区域内的 k 个近邻点的坐标均值（o_x，o_y，o_z）。

③ 构建拟合曲面。曲面拟合公式为：

$$f(x,y)=\sum_{i=0}^{n}\sum_{j=0}^{n}a_{ij}x^iy^j \quad (i,j=0,1,2,\cdots,n) \tag{4-10}$$

式中，a_{ij} 为系数，为了求得最优 a_{ij}，定义误差函数为：

$$E(a_{ij})=\sum_{i=1}^{n}\left[z_i-f(x_i,y_j)\right]^2 \tag{4-11}$$

将所有点代入，转为多项式求解，通过整体误差最小，求得系数，公式为：

$$\frac{\partial E(a_{ij})}{\partial a_{ij}}=0 \tag{4-12}$$

④ 求解曲面法向量。求 $f(x,y)$ 最小值可以转化成求聚类区域内点云的协方差最小特征值问题，公式为：

$$\begin{bmatrix} \sum(x_i-o_x)^2 & \sum(x_i-o_x)(y_i-o_y) & \sum(x_i-o_x)(z_i-o_z) \\ \sum(y_i-o_y)(x_i-o_x) & \sum(y_i-o_y)^2 & \sum(y_i-o_y)(z_i-o_z) \\ \sum(z_i-o_z)(x_i-o_x) & \sum(z_i-o_z)(y_i-o_y) & \sum(z_i-o_z)^2 \end{bmatrix} \tag{4-13}$$

对矩阵的最小特征值进行求解，其特征向量为对应法向量。

（3）计算法向量余弦值

求得法向量后，计算其与 Z 轴之间的方向余弦值。假设法向量与 Z 轴的夹角设为 α，点云法向量为 a，则点云法向量与 Z 轴的方向余弦值如式（4-14）所示。

$$\cos\alpha=\frac{a}{\sqrt{a^2+b^2+c^2}} \tag{4-14}$$

将计算得到的聚类区域点云的法向量方向余弦值结果进行统计，绘成直方图，依据直方图分布规律，提取建筑物点云数据。

4.3.3 建筑物提取过程

提取流程如图 4-7 所示。实验工具包括 Visual C++、SPSS、Terrasolid。

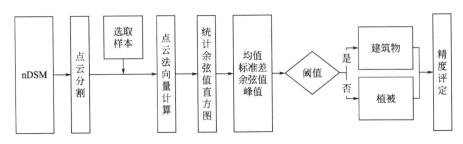

图 4-7 基于法向量余弦统计的建筑物提取流程

首先对实验区数据进行归一化处理，生成 nDSM 数据；其次进行点云分割处理；从分割后得到的点云集群簇中分别选取一定数量的建筑物簇和植被区域作为统计样本，并计算样本的点云法向量与 Z 轴余弦值；统计余弦值频次，计算标准差、均值，生成直方图；根据统计结果，确定建筑物与植被区分原则，进行建筑物提取；对提取结果进行精度评价。

（1）点云归一化处理

非地面点中建筑物与低矮植被分离时，为了克服地形起伏变化对高程约束带来的影响，需要将点云进行归一化处理，生成 nDSM，即将非地面点云的高程（即数字表面模型 DSM）减去对应地面高程（即数字高程模型 DEM），公式为：

$$nDSM=DSM-DEM$$

根据本书实验区一和实验区二的地形实际情况以及点云密度情况，归一化处理参数均选择格网大小为 1m，插值半径为 3m，处理结果如插页图 4-8 所示。

（2）点云聚类分割

通过设置高程阈值，对上述 nDSM 数据进行高程约束，剔除低植被点云数据；利用区域生长分割算法，将剩余建筑物点和高大植被点分割成不同的簇，以备后续统计每个簇的法向量使用。聚类点数阈值的设置，会影响到地物分割效果，当阈值选择过高时会发生"过分割"，反之，如果阈值选择太低则问题在于分割不完整。实验区一建筑物多为小区住宅，分布均匀，相对独立；实验区二点云密度大，建筑物大部分连在一起，且与植被距离较小。根据两个实验区数据密度和建筑物特点，经过多次实验，实验区一设置聚类最小点数 50、最大点数 25000；实验区二设置聚类最小点数 150、最大点数无穷大。两个实验区点云数据分割结果如插页图 4-9 所示。

实验区一 nDSM 分割后共产生 1045 个簇，点云总量 450607；实验区二 nDSM 分割后产生 20635 个簇，点云总量 1156583。图中不同颜色代表不同的簇。

（3）建筑物提取及精度评定

建筑物提取过程。实验区一建筑物主要是三个居民小区，建筑物样式具有一定的相似性；实验区二建筑物外观相近，且大部分连接为一个整体。实验区一植被主要为道路两边的绿化带行树以及小区内绿化等；实验区二植被相对密集，且灌木、乔木有序分布。本实验依据实验区特点，分别随机选取 9 个建筑物簇和 9 个植被区域作为抽样样本，统计余弦值分布规律。植被抽样区域可以跨簇选择。植被抽样样本及点云法向量与 Z 轴余弦值统计图分别如插页图 4-10 和图 4-11 所示。

由图 4-11 可知，总体上 9 个植被抽样样本的余弦值跨度较大，且标准偏差也较大，均值各不相同，统计图的峰值具有不确定性。余弦值最小值接近于 0.6，最大值为 1.0；标准偏差最小的是 2 号样本，值为 0.015，最大的是 8 号样本，值为 0.126；均值最小的是 6 号样本，值为 0.80，最大为 1 号样本，值为 0.97。

建筑物抽样样本及点云法向量与 Z 轴余弦值统计图分别如插页图 4-12 和图 4-13 所示。

由图 4-13 可知，总体上 9 个建筑物抽样样本的余弦值跨度较小，且标准差也较小，均值全部为 1.00，统计图的峰值绝大部分出现在 1.00 处。余弦值最小值接近于 0.992，最大值为 1.00；标准偏差最小的是 1 号样本，值为 8.346×10^{-5}，最大的是 5 号样本，值为 0.002。

由实验区植被样本和建筑物样本的点云方向量与 Z 轴余弦值统计结果得出：植被簇的余弦值普遍跨度较大，标准偏差较大，峰值不确定，且均值区别明显；建筑物簇的余弦值跨度较小，标准偏差较小，峰值唯一且接近于 1.00 处，余弦值的统计均值均为 1.00。可根据以上特点，对实验区分割得到的点云簇进行批量整体计算及自动统计，并设置满足标准偏差小于 0.003 且均值大于 0.999 的为建筑物簇，否则为非建筑物簇。实验区建筑物提取后的结果如插页图 4-14 所示。

精度评定。实验区一整体视觉效果较好，建筑物保留完整。处理结果中有 6 处非建筑物点残留（圈处），主要是植被和构筑物数据，分析没有过滤掉的原因是与周边植被点云被分割为多个簇，且统计参数与建筑物相近，被误分为建筑物点。实验区二建筑物信息提取较好，克服了大多数建筑连接在一起的问题，但提取结果"椒盐现象"较重，主要原因是该区植被茂密，且点云成竖直纵向立体式分布，分

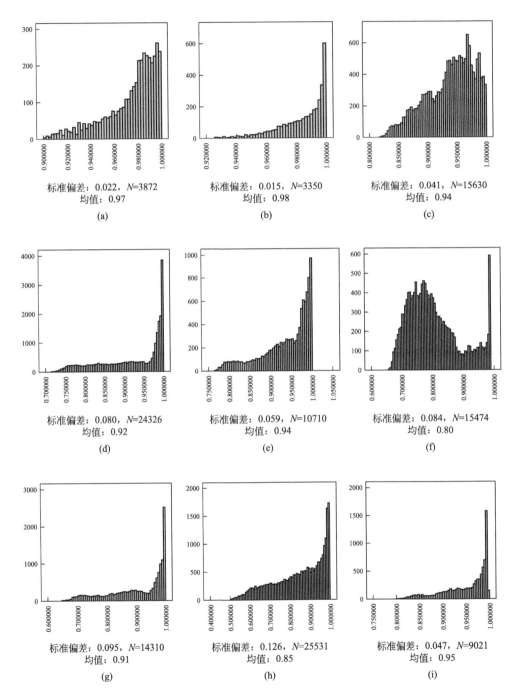

标准偏差：0.022，*N*=3872
均值：0.97
(a)

标准偏差：0.015，*N*=3350
均值：0.98
(b)

标准偏差：0.041，*N*=15630
均值：0.94
(c)

标准偏差：0.080，*N*=24326
均值：0.92
(d)

标准偏差：0.059，*N*=10710
均值：0.94
(e)

标准偏差：0.084，*N*=15474
均值：0.80
(f)

标准偏差：0.095，*N*=14310
均值：0.91
(g)

标准偏差：0.126，*N*=25531
均值：0.85
(h)

标准偏差：0.047，*N*=9021
均值：0.95
(i)

图 4-11　植被抽样样本余弦值统计图

注：1. 坐标轴 X 为余弦值，Y 为频率；2. N 为样本的点云数量

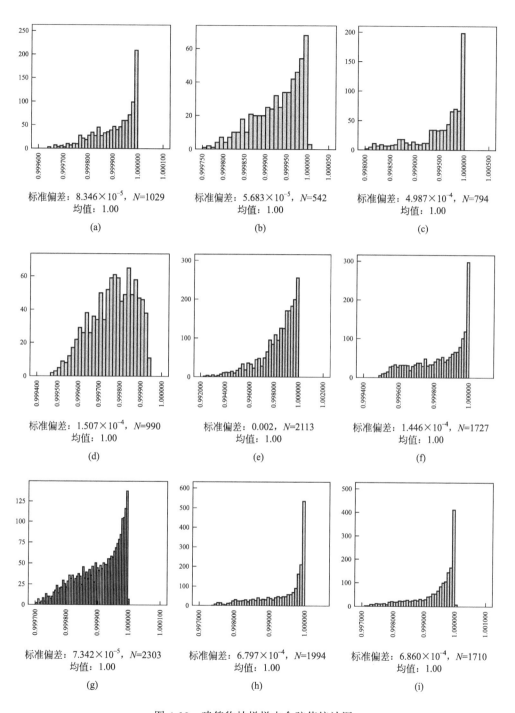

图 4-13　建筑物抽样样本余弦值统计图

注：1. 坐标轴 X 为余弦值，Y 为频率；2. N 为样本的点云数量

割产生过多"小簇",影响了提取精度。由此可见,点云数据的密度、分布特点会大大影响地物分类和提取。

由于缺少实验区大比例尺地形图数据,本实验采用高分辨率影像数据作为实地验证数据,其中实验区一影像空间分辨率为1m,实验区二影像空间分辨率为0.1m。实验区一实际包含建筑物155个,本书方法提取建筑物153个,提取率98.7%;实验区二实际包含独立建筑物8个,相连建筑包括"6横4纵1长廊",本书方法全部提取,提取率100%。两个实验区分别任选4个建筑物检验细部情况,如插页图4-15所示。由于两个实验区影像精度和建筑物形状的差异,实验区一每个抽样建筑物测量两条边的长度,实验区二每个抽样建筑物选择三条边测量。

两个实验区提取的建筑物点云整体形状符合实际情况,细部信息较好保留。所选建筑物抽样边长对比如表4-15所示。《1:500 1:1000 1:2000 地形图航空摄影测量内业规范》(GB/T 7930—2008)规定"地物点中误差不大于图上0.6mm"。《城市测量规范》(CJJ/T 8—2011)规定:空间分辨率1m的影像可以更新1:10000基础地理信息数据,地物点中误差容许值为6m;空间分辨率0.1m的影像可以更新1:1000基础地理信息数据,地物点中误差容许值为0.6m。由数据对比可知,实验区一抽样建筑物边长最弱边较差为4.381m,实验区二抽样建筑物边长最弱边较差为0.594m,因此,本书提出的方法能够有效提取建筑物信息,精度满足相应比例尺的基础地理信息数据更新要求。

表 4-15 实验区抽样建筑物边长对比　　　　单位:m

序号	实地边长			提取边长			边长较差		
	一	二	三	一	二	三	一	二	三
a	52.647	72.149	—	48.266	68.058	—	4.381	4.091	—
b	105.907	60.268	—	103.014	56.885	—	2.893	3.383	—
c	48.630	34.994	—	45.861	34.496	—	2.769	0.498	—
d	51.554	44.355	—	55.042	41.829	—	3.488	2.526	—
e	52.752	32.977	25.162	52.980	33.000	24.744	0.228	0.023	0.418
f	65.190	56.580	19.922	65.150	57.174	19.877	0.040	0.594	0.045
g	40.406	7.634	7.688	40.886	7.309	7.808	0.480	0.325	0.120
h	32.663	8.625	21.542	32.513	8.712	21.967	0.150	0.087	0.425

此外,本实验采用交叉表体系对数据处理结果进行"内符合"定量精度评定,计算Ⅰ类误差、Ⅱ类误差和总误差以及Kappa系数。为了更好地验证本书方法的可靠性,利用Terrasolid软件,基于点云数据高程和强度参数对实验区分割后的数

据进行分类。本实验方法提取建筑物后点云提取结果如表 4-16 所示，Terrasolid 软件点云提取结果如表 4-17 所示。

表 4-16　本实验点云提取结果

实验区	项目	建筑物	植被	总和
一	建筑物	167943	10713	178656
	植被	11005	260946	271951
	总和	178948	271659	450607
二	建筑物	478157	55537	533694
	植被	19294	603595	622889
	总和	497451	659132	1156583

表 4-17　利用 Terrasolid 提取点云结果

实验区	项目	建筑物	植被	总和
一	建筑物	326887	31060	357947
	植被	5120	87540	92660
	总和	332007	118600	450607
二	建筑物	466492	67634	534126
	植被	88467	533990	622457
	总和	554959	601624	1156583

本书方法与 Terrasolid 处理结果的 Ⅰ 类误差、Ⅱ 类误差、总体误差和 Kappa 系数如表 4-18 所示。

表 4-18　实验结果精度评定

项目	实验区一		实验区二	
	本书方法	Terrasolid	本书方法	Terrasolid
Ⅰ 类误差/%	5.99	8.67	10.40	12.66
Ⅱ 类误差/%	4.04	5.52	3.09	14.21
总体误差/%	4.81	8.02	6.47	13.49
Kappa 系数	0.89	0.77	0.86	0.72

由表 4-18 可知，实验区一本方法与 Terrasolid 处理结果相比，Ⅰ 类误差提高 2.68%，Ⅱ 类误差提高 1.48%，总体误差提高 3.21%，Kappa 系数提高 0.12；实验区二尽管 Ⅰ 类误差突破 10%，但与 Terrasolid 处理结果相比，仍然提高 2.26%，Ⅱ 类误差提高 11.12%，总体误差提高 7.02%，Kappa 系数提高 0.14。本书提出的方法评价参数均优于 Terrasolid 软件处理结果。

4.4 基于扫描线的点间欧式距离统计提取方法

本书提出一种基于扫描线点间欧式距离提取的建筑物点云提取方法，与前文提出的基于统计点云法向量余弦方法不同的是本方法基于 LiDAR 点云数据扫描线层面。有学者（Woo et al，2002；Sagi and Norbert，2005）利用机载 LiDAR 数据中的扫描线进行研究，大部分需要提取扫描线，并对仪器的偏度角进行计算，这样容易造成系统误差。本书提出的方法研究对象为扫描线中每个点之间的相互关系。数据采集系统能够同时记录无人机的位置与获取数据时的时间，对于同一条扫描线上的各个点，获取数据的时间为统一的 GPS 内置时间。所以提取数据点时仅需要依靠 GPS 时间属性对数据点进行聚类，忽略扫描仪镜头偏差带来的影响。

4.4.1 算法基本思想

LiDAR 数据的一条扫描线轮廓，一般主要包括四个主要类型的特征点：地面点，建筑物点，高大植物点和低矮植被群，如图 4-16 所示。

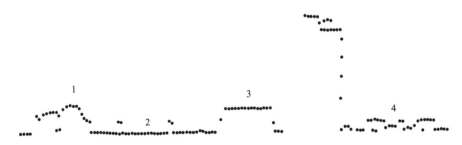

图 4-16　扫描线轮廓图

1—高大植物点；2—地面点；3—建筑物点；4—低矮植被群

对经过滤波处理后得到的非地面点数据，同时进行"GPS 时间（TIME）"聚类，提取扫描线。以同一扫描线内的点间最大方差值 L 作为初始运算值，逐渐减小 L 值并迭代，最后通过比较相邻迭代操作之间的结果来判断是否为建筑物点。

总体方差计算公式：

$$\sigma^2 = \frac{\sum(X-u)^2}{N} \tag{4-15}$$

式中，σ^2 为总体方差；X 为变量；u 为总体均值；N 为总体例数。

本书提出的方法在处理数据时，每次针对一条扫描线，且计算一次数据仅包含距离差的三个点，故上式为：

$$S^2 = \frac{\sum(D-\overline{D})^2}{2} \tag{4-16}$$

式中，S^2 为每两个点距离差值的方差；D 为两点间距离；$\overline{D}$ 为两次距离的平均值。

本算法的流程图如图 4-17 所示。

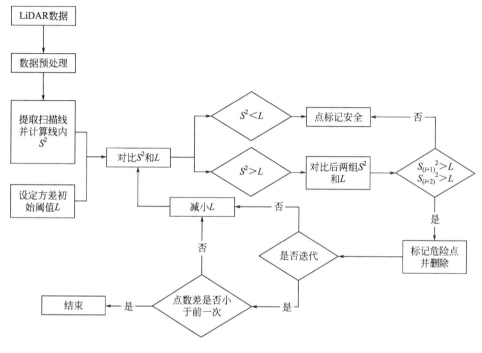

图 4-17　算法流程图

算法具体步骤为：

① 对原始数据进行滤波处理，得到非地面点。

② 对数据属性的"GPS 时间（TIME）"进行特征聚类，提取点云扫描线。

③ 沿扫描线方向对数据点进行两点的欧氏距离计算，并计算每条扫描线特征之间的方差。

④ 设定初始方差 L，并与方差进行对比。当只有一个方差值过大说明可能是异形建筑物屋顶突变，予以保留，标记为安全；若一个方差突变值后的多个方差值都较大，则标记其包含计算点的最后一个点为危险。

⑤ 一轮计算后判断此次计算是否为第一次计算，如果不是则读取安全点个数。当数据中点个数总体变化波动平缓时停止迭代，否则减小 L 值，重复上述流程。此时只对安全点进行迭代计算，危险点不参与计算，输出前删除危险点。

数据处理过程如图 4-18 所示。

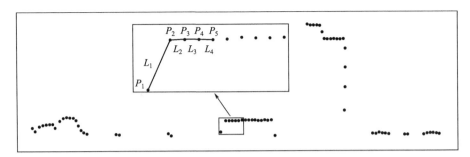

(a) 建筑物屋顶点排列

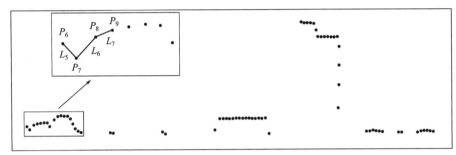

(b) 高大植物顶点排列

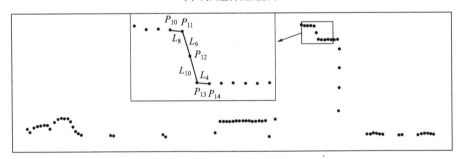

(c) 异形建筑物顶点排列

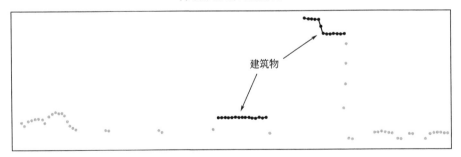

(d) 经过迭代后计算结果

图 4-18　数据处理过程

图 4-18（a）是建筑物屋顶点云之间按序计算点间距离，其每点间距离相对固定，即 L_1、L_2、L_3 大致相等，故 P_2、P_3 与 P_3、P_4 间距离的方差趋近于 0。而 P_1 点为非建筑物顶点，故方差值较大；图 4-18（b）表明在植物中，点间距离不固定且无规律，求得的方差值较大；图 4-18（c）说明当为异形建筑物时，虽然距离会有突变，但在突变点前后的距离的方差值仍然趋近于 0 而判断为建筑物点，L_8、L_9 与 L_{10}、L_{11} 之间方差值较大，但 L_9、L_{10} 方差值趋近于 0，故 P_{12} 点不予删除；图 4-18（d）中线连接的黑色点为建筑物点。

每条扫描线为一组，在计算出所有点间距离的方差值后，判断方差值超出标准值的点的后序两个方差值是否连续大于 L 值，若满足条件，判断为植被点删除，否则判定为建筑物点保留。继续进行迭代计算，重复上述步骤。

该方差值可以被确定为判断建筑物点间距离差值的临界值。两次迭代计算中，L_0 到 L_1 的小幅度变化，能够平滑地删除每次计算距离超限的点。由于建筑物的点间距本身固定不变且临界值较小，所以可以依据点云数量的变化，判断每次迭代的结果是否可信，即当迭代后点云总数与前次计算的结果总数相差较大时，表明当次计算中删除点包括过多的建筑物点云，体现当次计算的不可靠性。

4.4.2　建筑物提取实验

本实验选取实验区一作为研究数据。首先通过对同一扫描线上相邻点之间欧式距离的读取，通过迭代，确定初始 L 值；其次缩短步长，进一步确定点云数量变化区域；最后，找到下一个变化较大拐点，停止迭代，输出结果。为了验证方法的精度，利用 TIN 和 K-means 算法分别对两个实验区进行处理。通过定性目视对比、交叉表和 Kappa 系数定量对比、面积定量对比方法，分别对三种方法处理结果加以比较，从而论证本方法的可行性。

（1）确定 L 值及迭代步长

针对实验区数据，初始 L 值由高到低，步长选 0.1。经过实验发现当初始 L 值设定为 0.1 附近时，点云数量波动最小且数据中点云基本为建筑物和密集树木；而当初始 L 小于 0.1 时，数据量会急剧下降，如图 4-19 所示，故本书选取 0.1 作为初始 L 值对方差进行标定。

完成初始计算后，迭代要逐步减小 L 值，以此对数据进行更加精确的计算，如图 4-20 所示，迭代计算 L 值的步长设置为 0.001。从图中可以得知当 L 值大于 0.091 和小于 0.009 时，数据点数量变化剧烈；在 0.091 与 0.009 之间时，数据量变化缓慢（由于在 0.091 至 0.009 间点云变化幅度较小且数据密度较大，为了直观感受点云数量，删除 0.09～0.01 间数据变化不大且密集的数据点数量）。计算每相邻步长的数据点个数差求平均，确定当 L 值迭代为 0.05 之后数据量变化幅度基本不变，为了减少计算时间，本书采取 L 值为 0.04 时停止计算。建筑物点云提取结果如插页图 4-21 所示。

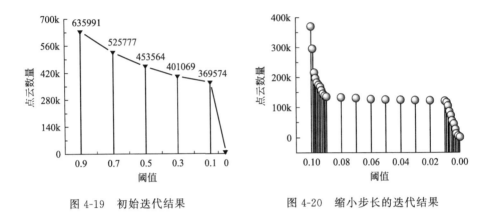

图 4-19　初始迭代结果　　　　　图 4-20　缩小步长的迭代结果

（2）TIN 和 K-means 提取

TIN 和 K-means 算法是常用的经典地物分类提取、聚类算法，基本思想前文已经叙述。本实验使用两种算法分别对两个实验区进行处理，处理结果如插页图 4-22所示。

（3）实验结果分析

目视对比。本书提出的算法在经过多次迭代后，建筑物点云数据提取准确且细节保留优于其他两者。实验区一 TIN 算法下的数据结果明显过提取，将规整密集的植被提取为建筑物，且建筑物整体信息不完整；K-means 算法下的数据结果明显过剔除，将少量建筑物剔除且无法解决高程、强度相仿的散点噪点。此外，对于异形建筑物与植物的区分，本书算法也优于其他两种方法，数据中部包含的两个异形厂房得到了很好的保留，而 TIN 算法与 K-means 算法均没有检测出两个异形建筑物。

抽样面积对比。本书对两个实验区数据分别随机抽取部分建筑物，将其与航拍正射影像相对比，通过计算三种算法处理后样本与正射影像中对应建筑物的重叠面积，验证本书方法的可行性。评价指标包括错误率和遗漏率。

错误率是使用普遍的分类指标。假设测试样本集

$$T = \{(X_1, Y_1), (X_2, Y_2), \cdots, (X_n, Y_n)\}$$

式中，X_i 为样本 i 的输入特征；Y_i 为样本的真实标签；T 的预测结果为：

$$PY=\{PY_1,PY_2,\cdots,PY_n\}$$

其中 PY_i 表示模型对 T 中第 i 个样本的预测结果。则错误率表达式为：

$$\text{error-rate}=\sum\{1|Y_i\neq PY_i\}/\sum\{1|Y_i=Y_i\} \tag{4-17}$$

遗漏率指本身属于地表真实分类，但没有被分类器分到相应类别中的像元数。

$$\text{Omission-rate}=\sum\{1|PY_i-(Y_i=PY_i)\}/\sum\{1|Y_i\neq Y_i\} \tag{4-18}$$

实验区一主要特点是以居民小区为主，建筑物分布交错有致，区域内包含多种异形建筑物，如弧顶厂房、高差突变一体建筑物等。归一化处理后的数据中，植被多为街道绿化景观和小区内部绿化，高度不一且较密集，如图4-23所示。

图 4-23　实验区一截面图

实验区一选取 8 个建筑物抽样样本，分别经过三种算法处理后的结果如插页图 4-24所示。目视看本书方法处理的效果要明显优于其他方法，特别是 1、4、6 建筑；但本书方法在 5 号建筑提取的效果也不理想，出现"锯齿"现象。抽样样本检测面积与重叠面积具体情况如表 4-19 所示，柱状图显示如插页图 4-25，图表对比结果显示，本书方法在检测面积和重叠面积方面均优于其他两种算法。

表 4-19　样本检测面积与重叠面积对比　　　　　　　　　　单位：m^2

样本序号	地面参考面积	本书方法		TIN		K-means	
		检测面积	重叠面积	检测面积	重叠面积	检测面积	重叠面积
1	6573.95	6293.39	6209.69	801.68	735.12	820.64	794.76
2	3752.15	3351.65	3334.35	2064.10	1984.72	819.26	765.53
3	3874.97	3495.33	3493.51	2999.94	2995.05	1894.26	1735.50
4	2052.65	2120.31	1999.20	1908.24	1842.90	0	0
5	2327.07	2264.94	2250.95	1687.73	1604.48	0	0
6	1432.02	1457.00	1362.71	994.82	938.88	985.33	967.63
7	1211.82	1170.64	1162.93	1197.01	1115.92	723.89	691.58
8	2079.54	1937.71	1901.46	1225.35	1035.90	0	0

通过计算，抽样样本经过三种算法处理后的错误率和遗漏率如表 4-20 所示，对比图如插页图 4-26 所示。抽样样本分析结果显示本书方法在错误率和遗漏率两

方面均优于其他两种方法，其中本书方法错误率最低至 0.05%，为 3 号建筑物，该建筑物 TIN 算法错误率为 0.16%，但二者遗漏率分别为 9.84% 和 22.71%；1 号建筑物为弧顶建筑物，从遗漏率数据对比可以看出，TIN 算法与 K-means 算法无法实现对异形建筑物的有效检测；此外有三个建筑物没有被 K-means 算法检测到；K-means 算法最小错误率 1.80%，但遗漏率达到 32.43%。

表 4-20　三种算法错误率和遗漏率

样本序号	错误率/%			遗漏率/%		
	本书方法	TIN	K-means	本书方法	TIN	K-means
1	1.33	8.30	3.15	5.54	**88.82**	87.91
2	0.52	3.85	6.56	**11.14**	47.10	79.59
3	0.05	0.16	8.38	9.84	22.71	55.21
4	5.71	3.42	**100.00**	2.60	10.22	**100.00**
5	0.62	4.93	**100.00**	3.27	4.93	**100.00**
6	5.47	5.62	1.80	4.84	5.62	32.43
7	0.66	6.77	4.46	4.03	6.77	42.93
8	1.87	**15.46**	**100.00**	8.56	15.46	**100.00**

综上，实验区数据处理结果对比，本书算法错误率和遗漏率最高分别为 5.71% 和 11.14%；而 TIN 算法错误率和遗漏率最高分别为 15.46% 和 88.82%；除未检测出来的部分建筑物，K-means 算法错误率和遗漏率最高分别为 8.38% 和 87.91%。后两种算法的高遗漏率是建筑物屋顶非常规平面所致，两种算法无法有效检测出异形屋顶构造。本书算法中最高遗漏率的建筑物是 2 号建筑物，但相较于其他两种算法仍有很大优势，原因为该建筑物与周边建筑高差相差较大，算法精度受到一定影响，而周边低矮建筑物在其他两者算法中均被检测成为非建筑点。根据数据结果看，在检测面积以及重叠面积上，本书算法明显优于其他两者，更接近地面参考面积。同时在点云数据中可以看到本算法对于建筑物上的细节保留情况最好。

本章小结

本章主要论述了建筑物点云提取的方法和过程。城市基础地理信息数据中建筑物所占比重较大，也是数字城市、土地利用、空间规划的重要研究对象，如何利用点云数据的特点，对其进行精准筛选和提取，是本章主要研究内容。本章重点介绍了布料模拟滤波方法（CSF），并对实验数据进行了处理。处理后精度与传统形态学算法和坡度变化算法对比，CSF 算法在Ⅰ类误差、Ⅱ类误差、总误差和 Kappa 系数方面均优于形态学算法和坡度变化算法。CSF 算法处理的三个实验区 Kappa 系数均大于 0.80，达到很强的一致性，而另两种算法则是一般一致性或极低一致性。滤波处理后，本书提出两种建筑物点云提取方法，分别从统计点云法向量余弦值分布规律角度和邻近点之间的欧式距离角度，区分非地面点中的植被和建筑物点。基于点云法向量余弦值统计的方法实验中，选取植被和建筑物样本进行计算统计分析并设置阈值，提取建筑物簇。通过抽样建筑物边长对比，验证了该方法提取建筑物结果满足相应比例尺的基础地理信息数据更新要求。同时利用交叉表评价体系验证"内符合"精度，结果显示Ⅰ类误差、Ⅱ误差、总误差和 Kappa 系数与 Terrasolid 处理后的精度相比均有较大提高。基于扫描线点间欧式距离提取方法实验评定中，选取实验区部分建筑物进行了面积比对，并与 TIN 算法和 K-means 算法结果比较错误率和遗漏率，数据显示该方法效果较好。本书提出的两种建筑物点云提取方法切入点不同，基于点云法向量余弦值统计的方法是从点云"面"的角度出发，通过数据统计后的规律，区分建筑物和非建筑物；基于扫描线点间欧式距离的建筑物提取方法从点云"线"的角度出发，通过统计同一扫描线相邻两点前后距离变化规律提取建筑物。当植被大面积遮挡建筑物或者建筑物异形严重时，基于点云法向量余弦值统计的方法处理结果容易出现较大偏差；基于扫描线点间欧式距离的方法在遇到较大点云空洞时，提取精度会受到影响，需先进行空洞修复。

第5章

点云与影像融合的城市主要基础
地理信息分类提取

顾及建筑物、道路、植被、水体等城市主要基础地理信息的特点，在现有研究成果的基础上，本章首先利用影像光谱信息进行城市主要基础地理信息分类，然后将 LiDAR 数据的高程参数和强度参数与遥感影像融合分类，最后完成精度评定，验证本章提出的理论假设。技术流程如图 5-1 所示。

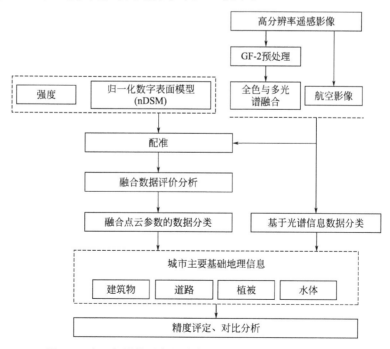

图 5-1　点云与影像融合的城市主要基础地理信息分类流程

5.1 遥感影像分类方法及精度评定

5.1.1 遥感影像分类方法

根据遥感影像分类的定义、理论依据和目的，划分为监督分类、非监督分类和其他分类三种主要的分类方法。监督分类又称为训练分类，即用被确认类别的样本像元去识别其他未知类别像元的过程，常用方法包括最大似然估计、随机森林、支持向量机等；非监督分类也称为聚类分析或点群分析，是一种无先验类别标准的分类方法，即在多光谱图像中搜寻、定义其自然相似光谱集群组的过程，常用方法包括 K-means、重复自组织数据分析技术（ISODATA）等；其他方法主要是近年来针对影像类别的发展提出的新的分类方法，主要包括模糊分类、空间结构纹理分类、专家分类、人工智能神经元网络方法等。本书采用监督分类中的最大似然和支持向量机两种方法进行影像分类处理。

（1）最大似然法

最大似然（maximum likelihood，ML）分类方法是在两类或者多类判决中，假设各个地物类型的分布均符合正态分布，根据最大似然比，利用统计方法以及贝叶斯判决准则，建立非线性的判别数据集，然后选择一些训练区域，最后计算各个待分类的样区归属概率，从而进行分类的一种图像分类方法（Scott and Symons，1971；Shaban and Dikshit，2001）。该方法又被称为贝叶斯（Bayes）分类方法，它是根据 Bayes 准则对遥感影像进行分类的。

若总体 X 为连续型，其概率密度函数为 $f(x,\theta)$，其中 θ 为未知参数。设 $(X_1,X_2,\cdots,X_n)$ 是取自总体的样本容量为 n 的简单样本，则 $(X_1,X_2,\cdots,X_n)$ 的联合概率密度函数为（贺勇和明杰秀，2012）：

$$\prod_{i=1}^{n} f(x,\theta) \tag{5-1}$$

若 $(X_1,X_2,\cdots,X_n)$ 的一组观测值为 $(x_1,x_2,\cdots,x_n)$，则

$$L(\theta) = L(x_1,x_2,\cdots,x_n,\theta) \prod_{i=1}^{n} f(x,\theta) \tag{5-2}$$

称为样本的似然函数。

最大似然法的基本原理是若通过观测得到样本 X，使得 $f(x,\theta)$ 在某个特定的统计参数 $\hat{\theta}$ 处有极大值，则 $\theta = \hat{\theta}$ 是合理的，在求解最大值时，通过引用对数函

数求解 $\ln L$ 的极大值。

$$\frac{\partial \ln L(\theta)}{\partial \theta_j} = 0$$

$$j = 1, 2, \cdots, k \tag{5-3}$$

（2）支持向量机

支持向量机（Support Vector Machine，SVM）分类方法是基于一组理论机器学习算法的监督式机器学习方法（Vapnik and Cortes，1995；Fauvel et al，2008；Licciardi etal，2009），是一种以结构风险最小化原理为准则的有效的机器学习方法，在数据分类、预测等研究领域应用较为广泛（Lee and Mangasarian，2001；Wang et al，2003）。SVM 起初是处理二分类的问题，核心思想是构造最优分类超平面作为判别面，使得两类样本之间的间隔最大。经过不断地改进和优化，SVM 分类逐渐成为监督分类中常用的分类方法；对于非线性分类问题，SVM 通过映射在高维空间中构建最优分类平面，并利用核函数（kernel function）计算分类（满其霞，2015）。

① 线性分类。假设输入数据为 $X = \{X_1, \cdots, X_n\}$，由于输入数据包含多个特征，故构成特征空间 $x_i = \{x_1, \cdots, x_n\} \in \chi$，而学习目标为 $y = \{y_1, \cdots, y_n\}$，二元变量 $y \in (-1, 1)$，表示负类和正类（周志华，2016），如图 5-2 所示。

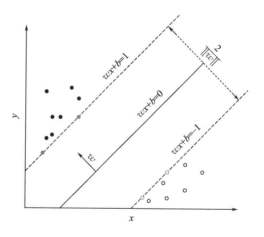

图 5-2　SVM 线性分类超平面示意图

该特征空间的边界构成的超平面能够将学习目标正、负类区分开，并使任意样本的点到平面距离大于等于 1，即

$$w^T X + b = 0$$

$$y_i(w^T X + b) \geqslant 1 \tag{5-4}$$

其中，w 和 b 分别为超平面的法向量和截距；两个边界的距离 $d = 2 / \| w \|$。

最优超平面分类面只存在一个。两条边界线分别为 $w^T X + b = k$ 和 $w^T X + b = -k$，为满足两类别之间的间隔最大，需要 $\| w \|$ 最小即可。此时满足的条件为 $\| w \| = \| w_0 \| / k$，等价于求解最小 $\| w \|^2 / 2$，即：

$$\min_{w, b} = \frac{\| w \|^2}{2}$$

$$\text{s. t. } y_i(wx_i+b)\geqslant 1 \tag{5-5}$$

利用 Lagrange 乘子法，将问题转化成对偶问题，定义为：

$$L(w,b,\alpha)=\frac{1}{2}\parallel w\parallel^2-\sum_{i=1}^{n}\alpha_i[y_i(w\cdot X_i+b)-1] \tag{5-6}$$

其中 α 为 Lagrange 乘子；$\alpha=(\alpha_1,\alpha_2,\cdots,\alpha_n)$。

对上式求偏导，可直接对 α_i 求解下式中的最大值：

$$L(\alpha)=\sum_{i=1}^{n}\alpha_i-\frac{1}{2}\sum_{i,j=1}^{n}\alpha_i\alpha_j y_i y_j x_i x_j$$

$$\text{s. t. }\sum_{i=1}^{n}\alpha_i y_i=0,\ \alpha_i\geqslant 0 \tag{5-7}$$

若 α_i 为最优解，则最优 $w^*=\sum_{i=1}^{n}\alpha_i^* y_i x_i$，根据 Kamsh-Kuhn-Tucker 条件（Hanson，1981），关于优化问题的最终解需要满足：

$$\alpha_i[y_i(wX_i+b)-1]=0,\quad i=1,2,\cdots,n$$

解决完上述问题之后，SVM 最优化判别函数可表示为：

$$f(x)=\text{sgn}\{w^2X+b^*\}=\text{sgn}\left\{\sum_{i=1}^{n}\alpha_i^* y_i(x_i x)+b^*\right\} \tag{5-8}$$

② 非线性情况。非线性 SVM 核心思想是把非线性映射到高维特征空间中，转换为线性可分问题，然后利用核函数替换特征空间的内积，从而将计算过程简单化。通过 Hilbert-Schmidt 原理可知，核函数若满足 Mercer 条件，就可以被当作某种特征空间中的内积使用（Tushirand Srivastava，2016）。利用合适的内积函数对符合最优分类面中的数据进行点积计算，进而得到新的特征空间，同时利用非线性变换实现了线性分类。利用核函数表示最优分类超平面为：

$$f(x)=\text{sgn}\left\{\sum_{i=1}^{n}\alpha_i^* y_i K(x_i x)+b^*\right\} \tag{5-9}$$

目前，比较常用的核函数包括：线性核函数、多项式核函数、高斯 RBF 核函数、拉普拉斯核函数、Sigmoid 函数等，其表达式为（李航，2012）：

线性核函数：$K(x,x_i)=xx_i$

多项式核函数：$K(x,x_i)=(xx_i+1)^n$

高斯 RBF 核函数：$K(x,x_i)=\exp\left(-\frac{\parallel x-x_i\parallel^2}{2\sigma^2}\right)$

拉普拉斯核函数：$K(x,x_i)=\exp\left(-\frac{\parallel x-x_i\parallel}{\sigma}\right)$

Sigmoid 函数：$K(x,x_i)=\tanh\left[v(xx_i)+c\right]$

5.1.2 分类精度评定方法

本书通过计算混淆矩阵（confusion matrix）评价分类精度。混淆矩阵也称误差矩阵，是表示精度评价的一种标准格式，用 n 行 n 列的矩阵形式来表示，矩阵的行代表分类样本，列代表验证样本，对角线上的数值代表正确分类后的样本（Stehman，1997）。通过混淆矩阵可以较容易得到总体精度（overall accuracy，OA），制图精度或生产者精度（producer accuracy，PA），用户精度（user accuracy，UA），错分误差（commission），漏分误差（omission），Kappa 系数等，这些精度指标从不同的侧面反映了图像分类的精度（Fawcett and Tom，2006；Gallego et al，2010；Gallego et al，2014）。

总体精度即经过分类处理后，影像中某种地物被正确分类的像元总数除以整个影像的总像元数。总像元数等于所有真实参考源的像元总数，即：

$$P = \sum_{i=0}^{c-1} a_{ii}/N \tag{5-10}$$

式中，a_{ii} 表示混淆矩阵对角线上元素的总数量；N 表示测试样本的总数；c 表示分类类别总数。

制图精度指通过分类器处理后，被正确分类的像元数与该类真实参考总数的比值。假设某类地物有 A 个真实的参考像元，其中 B 个分类正确，那么制图精度为 B/A。

用户精度指通过分类器处理后，某类被正确分类的像元总数与分为该类的整个影像的像元总数的比值（Petropoulos etal，2012a；Petropoulos etal，2012b），假设某类有 A 个像元正确分类，总共划分为该类的有 B 个像元，则用户精度为 A/B。

Kappa 系数详见第 4.1 节。

5.1.3 分类样本选择

监督分类中样本的选择至关重要，是影响分类结果的重要因素之一。训练样本和验证样本均需要尽量保证地物类别的纯净特性，混合像元的被选取，将会直接导致较差的分类结果（薄树奎和丁琳，2010）。为保证分类精度，本书实验区样本均不重叠，并通过 ENVI 评价样本的合格性。经过多次选择后，实验区一和实验区三的训练样本统计如表 5-1 所示，部分训练样本如插页图 5-3 所示。

表 5-1　实验区训练样本和验证样本选取

实验区	主要地物	训练样本像素	验证样本像素
实验区一	道路	6886	7877
	植被	5766	7669
	建筑物	5004	16679
	其他	9055	22276
实验区三	道路	1023	2680
	植被	1301	2785
	建筑物	2854	3750
	水体	1031	3738

　　样本选择的合格性通过 ENVI 中的样本可分离度评价。两个实验区不同地类样本之间的 Jeffries-Matusita 距离和转换分离度（tansformed divergence）参数均在 1.8～2.0 之间，其中实验区一训练样本中，除道路和建筑物的分离度最低，为 1.81，其余地类之间的分离度均大于 1.9，最高的是道路和植被，为 1.99；实验区三训练样本中，同样是道路和建筑物的分离度最低，为 1.80，其余地类之间的分离度均大于 1.9，最高的是道路和耕地，为 1.99。样本选择满足分类处理的要求。

5.2　基于高分辨率影像的地物分类

　　本书利用最大似然估计（ML）和支持向量机（SVM）分类方法对实验区一和实验区三影像数据进行分类。实验区一主要基础地理信息划分为道路、植被、建筑物和其他（主要为耕地），实验区三主要基础地理信息划分为道路、植被、建筑物和水体。

5.2.1　主要基础地理信息分类

　　本书利用 ENVI 软件进行影像数据分类实验，经过多次实验，实验区一和实验区三的 ML 分类参数中，似然度阈值设置分别为 0.25 和 0.4，其余参数默认；实验区一和实验区三的 SVM 分类参数设置中，核函数选择高斯 RBF 核函数，gamma 参数分别设置为 0.25 和 0.33，惩罚参数（penalty parameter）均设置为 1000，其余参数默认。将实验区影像数据进行基于像素级别的分类，实验区一和实验区三主要基础地理信息分类结果如插页图 5-4 所示。

5.2.2 分类结果评价

本书通过构建混淆矩阵评估分类结果。实验区一和实验区三的最大似然（ML）和支持向量机（SVM）分类结果的总体精度（OA）和 Kappa 系数如表 5-2 和表 5-3 所示。

表 5-2 实验区一 ML 和 SVM 分类精度

主要地物	ML 分类		SVM 分类	
	PA/%	UA/%	PA/%	UA/%
道路	63.37	86.14	83.59	85.69
植被	99.50	93.04	94.19	95.86
建筑物	86.87	61.96	81.75	82.17
其他	91.95	94.80	91.95	94.80
分类精度	OA＝83.22%；Kappa＝0.78		OA＝85.60%；Kappa＝0.80	

表 5-3 实验区三 ML 和 SVM 分类精度

主要地物	ML 分类		SVM 分类	
	PA/%	UA/%	PA/%	UA/%
道路	83.55	84.58	95.26	78.70
植被	60.89	86.80	97.49	96.55
建筑物	95.26	68.93	85.01	88.02
水体	92.56	89.91	86.16	88.23
分类精度	OA＝82.66%；Kappa＝0.77		OA＝84.37%；Kappa＝0.80	

两个实验区基于 SVM 分类结果要优于 ML 分类结果。实验区一 SVM 与 ML 比较，总体精度高 2.38%，Kappa 系数高 0.02；实验区三 SVM 分类的总体精度比 ML 高 1.71%，Kappa 系数高 0.03。实验区一的植被和其他地物分类精度高，制图精度和用户精度均在 93% 以上。两个实验区的道路与建筑物的错分和遗漏现象较高，导致制图精度和用户精度相对其他地物较低。实验区一居民小区内部道路提取困难，分析主要原因在于实验区一道路与建筑物光谱信息相近，导致错分问题较多；高层建筑较多且较密集，建筑阴影影响道路及低层建筑提取；植被分布特点明显，利于样本选取。实验区三尽管空间分辨率高，但道路表面与建筑物屋顶光谱信息相近，且建筑物阴影、植被阴影遮挡现象严重，出现较多"同谱异物"现象；水体提取同样受到植被、建筑物的阴影和水底地物影响，导致阴影遮挡地物被分类成水体，影响了分类精度。

5.3 点云数据与影像数据融合

多源数据融合是对多传感器获取的、多种形式的数据处理的过程。数据融合的中心思想是通过一定的算法，将多源数据中存在的冗余信息进行互补或综合，进而获得比单源数据更加精准、内容更加丰富、可读性更强的新的数据（韩崇昭等，2006）。多源数据融合能够克服仅靠单一传感器生成的遥感影像的局限性，结合不同特征的数据，发挥各自的优势弥补不足，以便于更全面地反映目标信息，更好地满足用户对目标的应用。本部分以实验区一和实验区三为研究区域，实验区一影像数据为国产 GF-2 卫星数据，实验区三影像为航空遥感数据。

5.3.1 融合方法

无论是基于像素级别、特征级别还是决策级别的融合方法，目的都是将不同数据通过融合，达到互相弥补，以便于更好地对地物进行分析和统计。本书 GF-2 全色影像与多光谱影像融合采用最近邻扩散（nearest-neighbor diffusion-based pan-sharpening，NNDiffuse）算法。点云数据衍生的 nDSM 与影像融合采用最近邻扩散融合、比值变换融合、PC 融合、相位恢复 GS 变换融合、高通滤波融合、小波变换融合和乘积变换融合等 7 种具有代表性的融合方法对实验区数据进行处理，并利用主、客观评价方法进行精度评定。本部分实验工具包括 ENVI、ERDAS、Terrasolid、ArcGIS 等。

（1）最近邻扩散融合

最近邻扩散算法是由美国罗彻斯特理工学院（RIT）的 Weihua Sun 等提出（Weihua Sunetal，2014），目前 ENVI 提供算法实现工具，已被用于 GF-2 全色与多光谱数据融合。NNDiffuse 算法流程如图 5-5 所示。

该算法过程分为两部分。左侧部分中，首先利用线性回归得到大小 $b \times 1$ 的光谱贡献向量 $\boldsymbol{T}$，b 表示多光谱数据的波段数。$\boldsymbol{T}$ 表示的是每个多光谱波段转换为全色图像的计数量。假设全色波段重采样后的像元（u，v）的值为 $\widetilde{P}(u,v)$，则：

$$\widetilde{P}(u,v) = \sum_{x=1}^{b} T(x) M_x(u,v) + \varepsilon \tag{5-11}$$

式中，$T(x)$ 是向量 $\boldsymbol{T}$ 中的第 i 个值；$M_x(u,v)$ 是多光谱影像中第 i 个像元的值；ε 是回归误差。

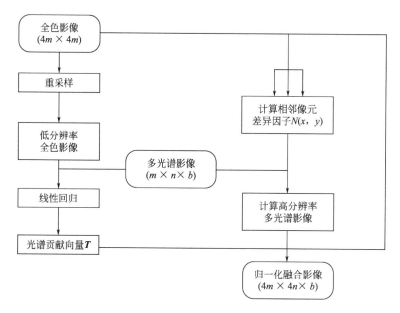

图 5-5　NNDiffuse算法流程图

算法流程图的右侧，从原始分辨率条件下的全色影像信息中可以获取差异因子，即：

$$N_j(x,y) = \sum_{(p,q) \in \Omega_j(x,y)} |P(x,y) - P(p,q)|$$

$$j = 1,2,\cdots,9$$

（5-12）

式中，$\Omega_j(x,y)$ 表示每个相邻超像元扩散的区域；(x,y) 表示高分辨率中像元的位置；$P(x,y)$ 表示位置 (x,y) 处的全色影像像元值；$P(p,q)$ 表示 (p,q) 处全色像元值。

差异因子 $N_j(x,y)$ 表达一个像元与相邻超像元之间的相似度，其与锐化后的全色影像的关系定义为：

$$\mathrm{HM}(x,y) = \frac{1}{k(x,y)} \sum_{j=1}^{9} \exp\left[-\frac{N_j(x,y)}{\sigma^2}\right]$$

$$\times \exp\left[-\frac{\| (x,y) - (x_{u,v},y_{u,v})\mid_{x,y,j} \|}{\sigma_s^2}\right] M(u,v;x,y,j)$$

（5-13）

其中 $k(x,y)$ 为：

$$\frac{\sum\limits_{j=1}^{9} \exp\left[-\dfrac{N_j(x,y)}{\sigma^2}\right] \times \exp\left[-\dfrac{\| (x,y) - (x_{u,v},y_{u,v})\mid_{x,y,j} \|}{\sigma_s^2}\right] M(u,v;x,y,j) \times T}{P(x,y)}$$

故存在关系式：

$$HM(x,y) \times T = P(x,y) - \varepsilon \tag{5-14}$$

（2）比值变换融合

比值变换融合即 Brovey 融合，Brovey 变换算法是一种主要参考信息特征的影像融合方法，也被称作色彩标准化算法。由美国研究人员 R. L. Brovey 建立。其思想是将多光谱图像的像方空间分解为色彩和亮度成分并进行计算，该算法的实质是应用乘积算法对多光谱影像（已利用色彩归一化处理过）和全色高分辨率影像一起处理实现增强影像信息的目的（翁永玲和田庆久，2003）。这种算法将信息空间内的多光谱影像拆分成亮度和色彩两个要素后再对它们进行空间算法处理，尽量保持更多的多光谱影像的信息，并使影像信息转换系数尽可能简化（Vrabel，2000）。比值变换融合方法认为全色图像与其降质图像的比值等于融合图像与多光谱上采样图像的比值（Rahman and Csaplovics，2007；徐其志和高峰，2014），即：

$$\frac{P_{i,j}}{\overline{P}_{i,j}} = \frac{\hat{M}_{i,j}^{k}}{\overline{M}_{i,j}^{k}} \tag{5-15}$$

式中，P 与 $\overline{P}$ 分别为全色及其降质图像；$\hat{M}$ 与 $\overline{M}$ 分别为融合图像及多光谱上采样图像；i，j 为像素点所在的行号与列号；k 为多光谱图像的波段序号。

（3）PC 融合

PC 融合即主成分变换融合，是将低分辨率图像中的不同波段进行 K-L 变换，使其灰度的均值和方差与 K-L 变换第一分量的图像一致，并且采用灰度拉伸直方图对高分辨率单波段图像进行匹配，用拉伸后的高分辨率图像代替第一分量，再经过K-L 逆变换还原到原始空间（孙志远等，2011；ZeMing Zhou et al，2014）。PC 变换融合的流程如图 5-6 所示（罗慧芬等，2017）。

（4）相位恢复 GS 变换融合

相位恢复 GS 变换即 Gram-Schmidt 变换，是统计学中经常用到的一种多维线性正交变换（李存军等，2004；于海洋等，2007；黄登山，2011；张涛等，2015），其基本流程为：

① 利用原始低空间分辨率影像模拟出一幅全色影像。

② 利用该全色影像作为 GS 变换的第一个分量来对低空间分辨率影像进行 GS 变换，具体变换表达式为：

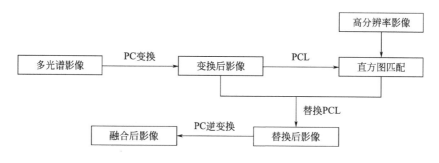

图 5-6 PC 变换融合流程图

$$GS_T(i,j) = [B_T(i,j) - \mu_T] - \sum_{l=1}^{T-1} [\emptyset(B_T, GS_l) \times GS_l(i,j)] \quad (5\text{-}16)$$

其中：

$$\mu_T = \frac{\sum\limits_{j=1}^{N} \sum\limits_{i=1}^{M} B_T(i,j)}{MN}$$

$$\emptyset(B_T, GS_l) = \left[\frac{\sigma(B_T, GS_l)}{\sigma(B_T, GS_l)^2} \right]$$

式中，GS_T 表示经 GS 变换后的第 T 个正交分量；B_T 表示原始低空间分辨率遥感影像第 T 波段；μ_T 为原始低空间分辨率影像第 T 波段像元灰度值的均值；$\emptyset(B_T, GS_l)$ 为原始低空间分辨率影像第 T 波段与 GS 之间的协方差；i 和 j 分别表示原始低空间分辨率影像的行数和列数；M 和 N 表示整幅影像的行数和列数；σ 为波段标准差，表达式为：

$$\sigma = \sqrt{\frac{\sum\limits_{j=1}^{N} \sum\limits_{i=1}^{M} B_T(i,j) - \mu_T}{MN}}$$

③ 用高空间分辨率影像替换 GS 变换后的第一分量，即 GS_l 分量。

④ 最后对上述替换后的数据集进行 GS 逆变换，完成低空间分辨率影像与高空间分辨率影像融合，逆变换的公式为：

$$B_T(i,j) = [GS_T(i,j) + \mu_T] + \sum_{l=1}^{T-1} [\emptyset(B_T, GS_l) \times GS_l(i,j)] \quad (5\text{-}17)$$

（5）高通滤波融合

高通滤波（High Pass Filter，HPF）融合算法的基本思想为：利用高通滤波算子通过卷积方法提取高分辨率全色影像的高频空间细节信息，并将其按照一定的比例关系融入到较低分辨率的多光谱影像中，从而得到一幅高空间分辨率、高光谱分辨率的融合影像（Chavez et al，1991；Gangkofner et al，2008；余磊等，2016）。其表达式为：

$$P_O = P_I + HW$$
$$W = (S_M / S_H) M \tag{5-18}$$

式中，P_O 为某波段融合后结果；P_I 为某波段融合前灰度值；H 为高频空间细节信息分量；W 为高频信息在对应多光谱波段的权值；S_M 为多光谱某波段的标准偏差；S_H 为高频空间细节信息分量的标准偏差；M 为经验值。

高通滤波融合的步骤如下（杜艺等，2010）：

① 设计滤波器，如果是时域的高通滤波模板，可以乘以倍数因子，目的是突出边缘，高频滤波增强，然后对它进行 2D 傅里叶正变换。

② 分别对高分辨率的全色图像和多光谱图像进行 2D 傅里叶变换。

③ 用高通滤波器的频谱与多光谱的频谱相乘得到多光谱的高频成分，类似与高分辨率全色图像的频谱相乘得到全色图像的高频成分。

④ 用全色图像的高频成分代替多光谱的高频成分，进行 2D 傅里叶反变换。

（6）小波变换融合

小波变换（Wavelet）是在傅里叶变换的基础上发展而来的一种变换方法（魏俊和李弼程，2013），它继承了傅里叶变换的优点并克服了其缺点，具有多分辨率的特性，它可对信号的频域和时域进行局部化分析，小波变换在处理信号时不会出现信息的丢失和冗余问题，它具有完善的重构能力。小波融合算法处理图像能很好地保留图像细节部分信息，使图像具有良好的视觉效果。小波变换实质是用高空间分辨率的全色图像的细节分量替代低空间分辨率的多光谱图像的细节分量，然后对多光谱图像的小波系数进行小波反变换，得到增强的多光谱图像（Zhan and Wu，2010）。

常见的小波基（小波函数）包括 haar、dbN、bior. 等。Mallat 算法是常用的小波变换算法，可以通过小波变换实现图像的快速分解与重构（Mallat，1989a；Mallat，1989b）。该算法由 Mallat 等提出。Mallat 算法实现图像的分解与重构是利用一维滤波器和二维滤波器来完成（Weihua Sunetal，2006；韦春苗等，2021）。

Mallat算法的分解公式如下：

$$\begin{cases} C_{m,n}^{M+1} = f(m,n) \\ C_{m,n}^{M} = \sum_{k,j} h(k-2m)h(1-2n)C_{k,j}^{M+1} \\ \alpha_{m,n}^{M} = \sum_{k,j} h(k-2m)g(1-2n)C_{k,j}^{M+1} \\ \beta_{m,n}^{M} = \sum_{k,j} g(k-2m)h(1-2n)C_{k,j}^{M+1} \\ \gamma_{m,n}^{M} = \sum_{k,j} g(k-2m)g(1-2n)C_{k,j}^{M+1} \end{cases} \tag{5-19}$$

式中，$h(k)$ 和 $g(k)$ 分别代表低通滤波器和高通滤波器；$C_{m,n}^{M}$ 表示待分解图像 $C_{m,n}^{M+1}$ 的低频近似分量，其尺度为 M；$\alpha_{m,n}^{M}$、$\beta_{m,n}^{M}$ 和 $\gamma_{m,n}^{M}$ 分别代表图像 $C_{m,n}^{M+1}$ 在垂直、水平和对角线方向上的高频细节分量。Mallat 的重构公式如下：

$$\begin{aligned} C_{m,n}^{M+1} = &\sum_{k,j} C_{k,j}^{M} h(m-2k)h(n-2l) \\ &+ \sum_{k,j} \alpha_{k,j}^{M} h(m-2k)g(n-2l) \\ &+ \sum_{k,j} \beta_{k,j}^{M} g(m-2k)h(n-2l) + \sum_{k,j} \gamma_{k,j}^{M} g(m-2k)g(n-2l) \end{aligned} \tag{5-20}$$

（7）乘积变换融合

乘积变换（Multiplicative）融合算法原理是直接将不同空间分辨率的影像上对应的像素灰度值进行乘积运算，从而获得新的影像对应像素灰度值。该算法能够在保留较多光谱信息的前提下，较大程度地提高影像的空间分辨率，其表达式如下：

$$I_{i,j} = \mathrm{MS}_{i,j}\,\mathrm{PAN}_{i,j} \tag{5-21}$$

式中，MS 为多光谱影像；PAN 为全色影像。

5.3.2　融合精度评价方法

融合后的图像应最大可能地保留输入图像的信息，尤其是有用的信息，不能破坏和丢失源图像的信息；另外要尽可能地去除噪声和不相关特征，突出感兴趣区域或对象的特征。融合精度分析一般采用主观和客观两方面评价。

主观评价即通过目测方式，对图像的优劣程度做出定性评判。本书两个实验区数据分别融合后的影像比原始影像更加清楚，地物特征也更加明显，尤其是建筑物和植被。总体而言，地物类别比融合之前更加容易判别。

客观评价即通过评价指标或评价体系对融合后影像进行分析，进而判断融合质量。本书采用信息熵、清晰度、标准差和均方根误差等作为评价指标。

（1）信息熵

信息熵是衡量一幅图像中所包含信息丰富程度的指标，其数值越大说明该图像包含的信息量越大，图像质量越好。信息熵 $H(X)$ 公式为：

$$H(X) = -\sum_{i=1}^{n} P(x_i) \lg P(x_i)$$
$$i = 1, 2, \cdots, n \tag{5-22}$$

式中，$P(x_i)$ 表示随机灰度值等于 i 的像素数出现的概率；n 表示灰度级总数。

（2）清晰度

图像的清晰度又叫平均度，是表示图像清晰程度的指标。$D(f)$ 计算公式为：

$$D(f) = \frac{1}{(M-1)(N-1)}$$
$$\times \sum_{i=1}^{M-1} \sum_{j=1}^{N-1} \sqrt{\frac{[f(i,j) - f(i+1,j)]^2 + [f(i,j) - f(i,j+1)]^2}{2}} \tag{5-23}$$

式中，$f(i,j)$ 为图像的第 i 行，第 j 列的灰度值；M、N 分别为图像的总行数和总列数。

（3）标准差

标准差反映了图像的灰度相对于平均灰度的离散情况。标准差越大，图像灰度级分布越分散，图像反差越大，越容易反映出更多的信息；反之亦然。标准差 σ 计算公式为：

$$\sigma = \sqrt{\frac{1}{MN-1} \sum_{i=1}^{M} \sum_{j=1}^{N} [f(i,j) - \overline{f}]^2} \tag{5-24}$$

式中，$f(i,j)$ 表示图像中 i，j 位置的像素灰度值；$\overline{f}$ 表示整幅图像的平均灰度值；MN 表示图像的像素个数。

（4）均方根误差

均方根误差即标准误差 RMSE，用来评价融合图像与参考标准图像之间的差异程度。如果差异小，则表明融合的效果较好。RMSE 计算公式为：

$$\text{RMSE} = \sqrt{\sum_{i=1}^{M} \sum_{j=1}^{N} [R(i,j) - F(i,j)]^2 / \sqrt{MN}} \tag{5-25}$$

5.3.3　LiDAR 与 GF-2 融合过程

LiDAR 与 GF-2 数据融合，首先将 GF-2 全色影像与多光谱影像融合（GF-2 融合数据）；其次将 LiDAR 数据转换成 DSM 栅格数据，并与 GF-2 融合数据进行配准；最后将两种数据进行融合分析，并对精度进行主、客观评价，选取最佳融合后数据作为主要地物提取的实验数据源。GF-2 全色影像与多光谱影像融合采用 NNDiffuse 融合算法。

（1）GF-2 全色影像与多光谱影像融合

本书采用最近邻扩散（NNDiffuse）算法融合 GF-2 全色影像与多光谱影像。多光谱影像、全色影像和融合后影像如插页图 5-7 所示。

（2）LiDAR 数据生成 nDSM 栅格数据

将前文得到的 LiDAR 点云的 nDSM 数据转换成栅格形式，由于数据点呈不均匀离散分布形式，首先需要对其进行插值处理。

常用的数据内插方法有反距离加权插值法（IDW）、自然邻近点插值法（NaN）、克里金（Kringing）插值法、样条插值法等。本书采用普通克里金插值法。克里金插值法是依据协方差函数对随机过程（随机场）进行空间建模和预测（插值）的回归算法（Le and Zidek，2006），即以变异函数理论和结构分析为基础，在有限区域内对区域化变量进行无偏最优估计的一种方法，是地统计学的主要内容之一（李俊晓等，2013；柴炳阳等，2020）。其实现原理可以描述为：以区域化变量为研究对象，依据变差函数理论，探寻空间数据之间的随机性和空间相关性，并以此进行最优线性无偏估计（刘志建等，2016；刘晓宇和邓平，2020）。克里金插值法计算公式为：

$$Z^*(x_0) = \sum_{i=1}^{n} \lambda_i Z(x_i) \tag{5-26}$$

式中，$Z^*(x_0)$ 为待插值点 x_0 处的属性值；$Z(x_i)$ 为已知观测点 x_i 处的属性值；λ_i 为权重系数。克里金插值求解需要经过两阶段进行：第一阶段是求取空间区域化变量对应的变差函数；第二阶段是克里金插值。

变差函数也称为半方差函数，主要用来表示区域化变量的空间结构特征，而区域化变量主要指的是区域内所在位置有关的随机变量。变差函数计算公式为：

$$\gamma'(ih) = \frac{1}{2N(ih)} \sum_{k=1}^{N(ih)} \left[Z(x_k + ih) - Z(x_k) \right]^2 \tag{5-27}$$

式中，h 表示选定空间某一方向后设定的基本滞后距离，一般取空间中各观测点的基本间距；$i = 1, 2, \cdots, m$，其中 m 表示设定的最大滞后距间隔的个数；ih 表示不同位置的距离；$Z(x_k + ih)$ 和 $Z(x_k)$ 分别对应为空间中坐标点 $x_k + ih$ 和 x_k 处的值；$N(ih)$ 表示被距离 ih 隔开的点对数，点对数值越大，表示变差函数值越准确，反之误差较大。

求得变差函数值后，选定变差函数模型对所有数据进行拟合，求出模型参数，包括块金值、基台值、偏基台值、变程。常用的变异函数模型有球状函数、指数函数、高斯模型等。

由于克里金插值算法是一种无偏最优插值，估计无偏性和估计方差最小成为权重系数 λ_i 的选择标准，因此需要满足以下两个条件：

$$E[Z^*(x_0) - Z(x_0)] = 0$$

$$\mathrm{Var}[Z^*(x_0) - Z(x_0)] = \min$$

受规范化条件约束：

$$\sum_{i=1}^{n} \lambda_i = 1$$

根据方差最小特征有：

$$\delta_{\min} = \mathrm{Var}[Z^*(x_0) - Z(x_0)] = E\{[Z^*(x_0) - Z(x_0)]^2\} \tag{5-28}$$

根据拉格朗日乘数原理有：

$$\frac{\partial}{\partial \lambda_i}\left[\delta_{\min} - 2\mu \sum_{i=1}^{n} \lambda_i\right] = 0$$

由此可得 $n+1$ 阶线性方程组：

$$\sum_{i=1}^{n} C(x_i, x_j)\lambda_i - \mu = C(x_0, x_j) \tag{5-29}$$

式中，$C(x_i, x_j)$ 为已知观测点之间的协方差；$C(x_0, x_j)$ 为待插值点与已知观测点之间的协方差；μ 为拉格朗日函数因子。

设定变量 x_i 和 x_j 对应的变差函数为 $\gamma(x_i, x_j)$，根据变差函数定义有：

$$\gamma(x_i, x_j) = \frac{E[Z(x_i) - Z(x_j)]^2}{2}$$

$$\gamma(x_i, x_j) = -C(x_i, x_j)$$

综上，构建克里金方程组为：

$$\sum_{i=1}^{n} \gamma(x_i, x_j)\lambda_i + \mu = \gamma(x_0, x_j)$$

$$\sum_{i=1}^{n} \lambda_i = 1 \tag{5-30}$$

求得权重后，代入克里金插值公式，求出估计值 $Z^*(x_0)$。

本书利用普通克里金插值方法，变差函数模型采用球状函数模拟生成 nDSM 栅格数据，实验区一空间分辨率 1m，实验区二空间分辨率 0.5m，如图 5-8 所示。

(a) 实验区一   (b) 实验区二

图 5-8 实验区 nDSM 数据

（3）图像配准

将上一步得到的 nDSM 栅格数据与影像数据进行配准，使其在同一坐标系中。本书选择基于灰度特征匹配的配准方法，充分利用点云插值后计算生成的 DSM 影像与高分影像进行几何配准（张昌赛等，2018）。本书选用多项式转换方法，重采样采用双三次卷积法，利用 ENVI 平台进行数据配准。以实验区一为例，控制点的残差均小于 0.8，均方根误差为 0.494365，控制点文件及配准效果如图 5-9 和图 5-10 所示。

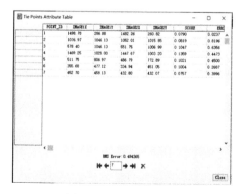

图 5-9 控制点及残差   图 5-10 配准效果

5.3.4 融合算法实践

提取 LiDAR 数据的强度（intensity）参数和高程（elevation）信息，分别与遥感影像进行融合，并在融合后的影像数据上，选取不同地物的多个样本，进行影像属性信息统计，用于后续的地物分类。

以实验区一为例，配准处理后，将 nDSM 数据和 GF-2 数据分别采用比值变换（Brovey）、主成分变换（PC）、相位恢复（GS）、高通滤波（HPF）、小波变换（Wavelet）和乘积变换（Multiplicative）六种算法进行融合处理，结果如插页图 5-11所示。

实验区一融合后的数据分别采用上述四种评价指标进行精度分析，利用 Matlab 程序实现。评价结果如表 5-4 所示。

表 5-4　数据融合结果评价表

融合方法	信息熵	清晰度	标准差	均方根误差
GF-2 融合影像	5.156	3.987	—	—
比值变换融合	5.976	6.359	17.761	0.579
小波变换融合	7.168	5.897	21.411	0.529
PC 融合	7.139	6.246	32.567	0.686
GS 融合	6.166	5.772	41.621	0.000
HPF 融合	5.802	9.524	54.794	0.913
乘积变换融合	5.440	5.362	12.974	0.678

由表 5-4 可知，六种算法融合后的影像在信息熵和清晰度方面与 GF-2 融合数据相比均有显著提高。其中信息熵指标中小波变换融合算法最优，值为 7.168；清晰度指标中 HPF 融合算法最优，值为 9.524；标准差方面 HPF 融合算法最优，值为 54.794；均方根误差方面 GS 融合数值最小，接近于 0(存在舍去部分)。利用加权排序方法得到小波变换融合和 GS 融合效果最好，故采用小波变换融合处理后数据作为城市主要地理信息分类数据源。

5.4　融合点云数据的主要基础地理信息分类

5.4.1　融合点云数据分类需解决的问题

实验区基于遥感影像地物分类视觉上看，均有"椒盐现象"产生，影响提取效果。存在问题如下：

① 道路与建筑物光谱信息相近，导致二者分类质量不高。

② 水体与建筑物、植被的阴影光谱信息相近，出现将城区中阴影区域错分为水体的情况。

③ 阴影覆盖下的道路、植被等信息提取质量较差。

将点云参数与影像数据融合，利用高程信息、强度信息的增强影像信息，解决上述问题：

① 道路信息提取。在前文的影像分类中，由于道路与建筑物光谱信息相近，出现混淆情况。利用 nDSM 数据的高程参数将二者区分。

② 水体信息提取。由于水体本身不反射激光信号，所以在提取时主要依据影像光谱信息，影响水体提取的因素包括周边植被遮挡、阴影干扰、桥梁及架空管线、浅水区底部干扰等，LiDAR 数据可以辅助其边界提取。

③ 建筑物信息提取。前文已经论述利用 LiDAR 点云数据提取建筑物的理论和方法，其提取精度要优于影像提取，且可直接应用于后续的三维建模、BIM 设计等，因此可以利用点云数据直接提取建筑物。

5.4.2　融合点云数据的分类提取

利用 ML 和 SVM 对 nDSM 数据与高分辨率影像经过小波变换融合后的数据分类，样本数据、分类器参数设置均与单一遥感数据分类相同，融合点云参数的实验区分类结果如插页图 5-12 所示。

两个实验区视觉效果有所提高，"椒盐现象"有所减弱，主要道路轮廓较为清晰，受阴影干扰问题得到一定程度的解决，建筑物信息提取效果与前文基于点云数据的提取效果相差较大。

两个实验区的 PA、UA、OA 和 Kappa 系数如表 5-5 和表 5-6 所示。

表 5-5　实验区一 ML 和 SVM 分类精度

主要地物	ML		SVM	
	PA/%	UA/%	PA/%	UA/%
道路	91.36	77.76	89.14	94.71
植被	96.51	94.32	99.38	92.43
建筑物	70.18	85.58	96.01	85.54
其他	96.92	99.64	85.54	95.23
分类精度	OA=88.28%;Kappa=0.83		OA=90.64%;Kappa=0.88	

表 5-6　实验区三 ML 和 SVM 分类精度

主要地物	ML		SVM	
	PA/%	UA/%	PA/%	UA/%
道路	74.08	70.78	92.86	75.36
植被	99.95	99.77	96.95	97.91
建筑物	83.01	85.91	75.36	93.94
水体	93.70	91.53	96.97	96.90
分类精度	OA=86.14%;Kappa=0.80		OA=90.89%;Kappa=0.89	

由精度统计得知：实验区一 ML 分类总体精度（OA）为 88.28%，比单一影像数据分类提高 5.06%，Kappa 系数为 0.83，提高 0.05；SVM 分类总体精度为 90.64%，比单一影像数据分类提高 5.04%，Kappa 系数为 0.88，提高 0.08。实验区三 ML 分类总体精度为 86.14%，比单一影像数据分类提高了 3.48%，Kappa 系数为 0.80，提高 0.03；SVM 分类总体精度为 90.89%，比单一影像数据分类提高 6.52%，Kappa 系数为 0.89，提高 0.09。可见，融合了点云参数的影像地物分类结果明显优于单一影像分类结果。

此外，两个实验区利用不同分类器的处理结果是：实验区一 ML 分类的道路优于实验区三，建筑物和植被分类则是实验区三优于实验区一；实验区一 SVM 分类的道路、植被和建筑物与实验区三相当。两种分类方法上，实验区一植被和建筑物的 SVM 分类比 ML 分类优势明显，道路和其他地类 ML 分类则优于 SVM 分类，总体精度和 Kappa 系数则是 SVM 优于 ML；实验区三植被的 ML 分类优于 SVM 分类，其余地类则是 SVM 分类优于 ML 分类。

本章小结

本章论述了点云与影像融合的城市主要基础地理信息分类提取方法和流程。LiDAR 数据具有较好的高程、强度以及回波信息，但是缺乏地物纹理和细节信息，将其与遥感影像数据融合是当前研究的重要方向。本章首先实验了基于光谱信息的影像分类，采用 ML 和 SVM 分类方法实验，并对结果进行了精度分析；其次介绍了常用数据融合的算法原理和精度评定方法，将点云的高程数据和强度数据与影像数据融合，进行地物分类并对分类结果进行评价。实验表明，融合后的数据像元 DN 值对比明显，利用 ML 和 SVM 分类方法实验的结果，OA 和 Kappa 系数均有显著提高。

第6章
总结与展望

城市基础地理信息具有复杂性和多样性，多源遥感数据融合进行地物信息探测和变化检测已经成为重要研究方向。机载 LiDAR 技术是一种典型的主动遥感技术，可进行全天候、多时相的数据获取，而且激光点云对植被具有一定的穿透能力，某种程度上可解决由于植被遮挡造成的数据缺失，提高了地面表达的精准性。由于机载 LiDAR 技术缺少地物纹理特征，在地物表达上缺乏直观性，基于此研究将机载 LiDAR 数据与高分辨率遥感影像数据结合，根据城市建筑物、道路、植被、水体等主要基础地理信息的不同特点，实现有效分类和提取。利用点云数据提取建筑物效果较好，将 LiDAR 数据高程信息与高分辨率影像结合提取植被、道路、水体。本书主要研究成果和结论包括以下几个方面：

① 对比常用滤波算法的基本思想，通过点云滤波实验，筛选适合实验区域的有效滤波方法。本书重点介绍了布料模拟滤波 CSF 算法，并利用三个实验区数据进行了实验分析。对比传统的数学形态学滤波算法和基于坡度变化的滤波算法，CSF 在 Ⅰ 类误差、Ⅱ 类误差、总体误差方面均有明显优势；Kappa 系数方面，CSF 算法处理的三个实验区均大于 0.8，达到很强的一致性，而另两种算法则是一般一致性。

② 提出一种基于点云法向量与 Z 轴余弦值统计的建筑物提取方法。通过点云分割构建点云簇，统计实验区数据样本余弦值分布规律并设定阈值，进而提取建筑物点云。通过抽样建筑物与空间分辨率分别为 1m 和 0.1m 的影像提取建筑物边长对比，实验区一抽样建筑物边长最弱边较差为 4.381m，实验区二抽样建筑物边长最弱边较差为 0.594m，精度能够满足 1：10000 和 1：1000 的基础地理信息数据更

新要求；同时利用交叉表评价体系验证"内符合"精度，并与 Terrasolid 提取结果对比，Ⅰ类误差提高 2.68%，Ⅱ类误差提高 1.48%，总体误差提高 3.21%，Kappa 系数提高 0.12；实验区二尽管Ⅰ类误差突破 10%，但与 Terrasolid 处理结果相比，仍然提高 2.26%，Ⅱ类误差提高 11.12%，总体误差提高 7.02%，Kappa 系数提高 0.14。本书方法评价指标均优于软件处理结果。

③ 从同一条扫描线上的点与点之间距离角度出发，提出一种基于点间欧式距离统计的建筑物提取方法。通过比对实验区高分影像中典型建筑物的面积得到本算法错误率和遗漏率最高分别为 5.71% 和 11.14%，而 TIN 算法错误率和遗漏率最高分别为 15.46% 和 88.82%，除未检测出来的部分建筑物 K-means 算法错误率和遗漏率最高分别为 8.38% 和 87.91%。本方法处理结果在错误率和遗漏率方面均优于 TIN 算法和 K-means 算法。同时在点云数据中可以看到本算法对于建筑物上的细节保留情况最好。

④ 将点云数据与影像数据融合分类，对比基于单一光谱影像数据分类结果。分类器选用 ML 和 SVM，实验结果表明，融合点云参数的影像分类结果在整体精度和 Kappa 系数方面均优于单一光谱影像提取结果，表明增加了点云参数后，影像信息对比度提升，有利于基础地理信息分类；同时将提取的建筑物与点云直接提取建筑物主观比较，基于点云提取的建筑物精度优于基于图像提取精度。

基于 LiDAR 点云数据和遥感光学影像结合是城市地理要素提取、监管、分析研究的重要方向，本书从城市主要基础地理信息角度出发，利用上述两种数据多角度实现高精度的分类提取，取得了一定的成果，笔者认为该方向还可以开展以下研究：

① 研究对象方面，基于城市所有地理要素包括点状、线状和面状要素的精细化提取。根据不同地理要素的特点，进一步开展符合土地利用和管理规划需要的城市数据快速更新技术研究；研究本书方法对异形建筑的提取效果，并进行算法优化。

② 研究数据方面，多源数据融合一直是数据应用的重要研究方向，通过有效的数据配准方法，构建机载 LiDAR、车载 LiDAR、高分影像、近景摄影测量以及倾斜摄影测量等多角度、多尺度的数据更新框架，为城市综合管理服务。

③ 研究方法方面，结合计算机、人工智能领域研究成果，利用深度学习理论，建立城市地理要素常用语义标签和训练样本，为高效率、精准化的数据解析提供基础。

参 考 文 献

薄树奎，丁琳，2010. 训练样本数目选择对面向对象影像分类方法精度的影响. 中国图象图形学报，15（7）：1106-1111.

曹鸿，李永强，牛路标，等，2014. 基于机载 LiDAR 数据的建筑物点云提取. 河南城建学院学报，23（1）：59-62.

柴炳阳，白登辉，郑鹏民，等，2020. 克里金插值在冲击矿压空间预警中的应用. 测绘科学，45（8）：164-173，180.

程昌秀，2001.3S 技术在县级土地利用变更调查中的应用研究. 北京：中国农业大学：56-58.

董保根，2013. 机载 LiDAR 点云与遥感影像融合的地物分类技术研究. 解放军信息工程大学：45-48.

杜艺，龚循平，林祥国，2010. 基于 IHS 的高通滤波法影像融合研究. 测绘与空间地理信息，33（5）：144-146，151.

段新成，2008. 基于 BP 人工神经网络的土地利用分类遥感研究. 北京：中国地质大学：64-69.

方军，2014. 融合 LiDAR 数据和高分辨率遥感影像的地物分类方法研究. 武汉：武汉大学：36-38.

郭进，陈小宁，吕峻闽，等，2016. 采用密度 k-means 和改进双边滤波的点云自适应去噪算法. 传感器与微系统，35（7）：147-149，153.

郭雅，2019. 基于国产卫星的海上变化性目标物遥感监测应用研究. 北京：中国地质大学：3-4.

韩崇昭，朱洪艳，段战胜，等，2006. 多源信息融合. 北京：清华大学出版社：398.

何延松，王丽芬，2019. 机载激光雷达测量技术及应用. 北方交通，（7）：70-74.

贺勇，明杰秀，2012. 概率论与数理统计. 武汉：武汉大学出版社，08：216，217.

胡永杰，程朋根，陈晓勇，2015. 机载激光雷达点云滤波算法分析与比较. 测绘科学技术学报，（1）：76-81.

黄登山，2011. 像素级遥感影像融合方法研究. 长沙：中南大学：45-49.

惠振阳，胡友健，2016. 基于 LiDAR 数字高程模型构建的数学形态学滤波方法综述. 激光与光电子学进展，53（8）：7-13.

姜景山，2006. 中国对地观测技术发展现状及未来发展的若干思考. 中国工程科学，8（11）：19-24.

蒋捷，陈军，2000. 基础地理信息数据库更新的若干思考. 测绘通报，（5）：1-3.

李存军，刘良云，王纪华，等，2004. 两种高保真遥感影像融合方法比较. 中国图象图形学报，9（11）：1376-1385.

李海峰，郭科，2010. 对地观测技术的发展历史、现状及应用. 测绘科学，06：262-264.

李航，2012. 统计学习方法. 北京：清华大学出版社：95-135.

李健，曹垚，王宗敏，等，2020. 融合 k-means 聚类和 Hausdorff 距离的散乱点云精简算法. 武汉大学学报（信息科学版），45（2）：250-257.

李俊晓，李朝奎，殷智慧，2013. 基于 ArcGIS 的克里金插值方法及其应用. 测绘通报，（9）：87-90，97.

李亮，2016. 基于机载 LiDAR 数据的建筑物快速三维建模. 成都：电子科技大学：32-38.

李美玲，2016. 基于 GF-1 遥感影像的道路提取研究. 北京：北京林业大学：1，2.

李强，2019. 机载 LiDAR 点云的组合滤波及建筑物特征提取研究. 郑州：郑州大学：65-69.

李仁忠，刘阳阳，杨曼，等，2018. 基于改进的区域生长三维点云分割. 激光与光电子学进展，55（5）：325-331.

柳赟，孙淑艳，2020. 基于主成分分析与曲面拟合的激光点云滤波去噪. 激光技术，248（4）：103-108.

林祥国，宁晓刚，2017. 融合直角点和直角边特征的高分辨率遥感影像居民点提取方法. 测绘学报，(1)：83-89.

林宗坚，李德仁，胥燕婴，2011. 对地观测技术最新进展评述. 测绘科学，36（4）：5-8.

刘春，姚银银，吴杭彬，2009. 机载激光扫描（LIDAR）标准数据格式（LAS）的分析与数据提取. 遥感信息，04：38-42.

刘晓宇，邓平，2020. 一种融合多方向变异性的改进克里金插值算法. 传感技术学报，33（7）：991-996.

刘志建，关维国，华海亮，等，2016. 基于克里金空间插值的位置指纹数据库建立算法. 计算机应用研究，33（10）：3139-3142.

罗慧芬，苗放，叶成名，2017. SPOT5 全色波段与 ASTER 多光谱影像融合方法的比较研究. 数据采集与处理，32（4）：818-824.

罗昭拓，2008. 高分辨率遥感图像中道路提取的分析与研究. 上海：上海交通大学：26，27.

马树发，2014. 基于改进虚拟格网的机载 LiDAR 数据的形态学滤波. 西安：西安电子科技大学：36-38.

满其霞，2015. 激光雷达和高光谱数据融合的城市土地利用分类方法研究. 上海：华东师范大学：89-92.

彭望琭，2002. 遥感概论. 北京：高等教育出版社：156-164.

钱家航，王金亮，马如彪，等，2014. 基于 QuickBird 影像城市道路特征语义信息提取. 遥感技术与应用，29（4）：653-659.

邵悦，2020. 机载 LiDAR 点云滤波及建筑物提取与重建研究. 沈阳：沈阳建筑大学：38，39.

沈小乐，邵振峰，田英洁，2014. 纹理特征与视觉注意相结合的建筑区提取. 测绘学报，43（8）：842-847.

孙志远，孙亚南，吴小俊，2011. 超分辨率人脸图像重构识别. 河南城建学院学报，(4)：45-50.

唐万，胡俊，张晖，等，2015. Kappa 系数：一种衡量评估者间一致性的常用方法（英文）. 上海精神医学，27（1）：62-67.

唐相龙，2008. 新城市主义及精明增长之解读. 城市问题，(1)：87-90.

王建，潘竟虎，等，2002. 基于遥感卫星图像的 ATCOR2 快速大气较正模型及应用. 遥感技术与应用，(4)：193-197.

王竞雪，张雪洋，洪绍轩，等，2019. 结合形态学和 TIN 三角网的机载 LiDAR 点云滤波算法. 测绘科学，44（5）：151-156，183.

王习之，2018. 基于地理关联的高分辨率遥感影像土地利用信息提取研究. 杭州：浙江大学：49-52.

王雅男，王挺峰，田玉珍，等，2017. 基于改进的局部表面凸性算法三维点云分割. 中国光学，10（3）：348-354.

王瑶瑶，2019. 基于 LiDAR 遥感的古建筑文化遗产三维重建与数字化保护研究. 济南：山东建筑大学：38-42.

王钊，2006. 6S 辐射模型算法解析及在 MODIS 大气校正中的应用. 陕西气象，(5)：34-37.

王志盼，2017. 高分辨率遥感影像道路目标智能识别方法研究. 成都：西南交通大学：45-48.

韦春苗，徐岩，李媛，2021. 基于小波变换的迭代融合去雾算法. 激光与光电子学进展，03：1-16.

魏俊，李弼程，2003. 基于 IHS 变换、小波变换与高通滤波的遥感影像融合. 信息工程大学学报，（2）：46-50.

翁永玲，田庆久，2003. 遥感数据融合方法分析与综价综述. 遥感信息，（3）：49-54.

吴北婴，1998. 大气辐射传输实用算法. 北京：气象出版社：21-40.

吴学文，徐涵秋，2010. 一种基于水平集方法提取高分辨率遥感影像中主要道路信息的算法. 宇航学报，31（5）：1495-1502.

肖昶，徐峰，聂小波，2012. 关于电子政务基础地理信息平台建设的研究. 地理空间信息，10（6）：3，82-85.

新玉言，2013. 新型城镇化-理论发展与前景透析. 北京：国家行政学院出版社：59-67.

徐彬彬，1981. 应用光谱资料对土壤和土地利用进行数值分类. 土壤学报，18（2）：176-184.

徐华，2017. 高分卫星影像的目标物识别技术. 北京：中国地质大学：6，7.

徐凯健，曾宏达，朱小波，等，2017. 基于五种大气校正的多时相森林碳储量遥感反演研究. 光谱学与光谱分析，37（11）：3493-3498.

徐其志，高峰，2014. 基于比值变换的全色与多光谱图像高保真融合方法. 计算机科学，41（10）：19-22.

阎鑫，2020. 基于深度学习的高分二号遥感影像房屋识别. 沈阳：沈阳建筑大学：20，21.

杨洋，张永生，邹晓亮，等，2008. 一种改进的基于坡度变化的机载激光雷达点云滤波方法. 测绘科学，33（S1）：12，13，280.

姚松涛，邢艳秋，李梦颖，等，2017. 机载全波形 LiDAR 数据 LAS 格式解析和快速提取研究. 森林工程，3303：64-68，73.

叶锦远，1985. 国外城市空间结构理论简介. 外国经济与管理，（6）：22-24.

尤号田，2017. 基于机载 LiDAR 数据森林关键结构参数估测研究. 哈尔滨：东北林业大学：78-80.

于彩霞，许军，暴文刚，等，2017. 基于 IDL 的 LiDAR 标准数据格式解析与读取. 海洋测绘，3706：66-68，72.

于海洋，闫柏琨，甘甫平，等，2007. 基于 Gram-Schmidt 变换的高光谱遥感图像改进融合方法. 地理与地理信息科学，23（5）：30-34.

于洋洋，2020. 机载激光雷达点云滤波与分类算法研究. 合肥：中国科学技术大学：65-69.

余磊，张永军，孙明伟，等，2016. 联合云检测与高通滤波的含云影像融合方法. 武汉大学学报（信息科学版），41（9）：1160-1167.

张安定，2016. 遥感原理与应用题解. 北京：科学出版社：256-268.

张昌赛，刘正军，杨树文，等，2018. 基于 LiDAR 数据的布料模拟滤波算法的适用性分析. 激光技术，42（3）：410.

张国英，宋科科，赵鹏，等，2014. 一种采用容错宽度 Hough 变换的路网优化方法. 测绘科学技术学报，31（3）：269-273.

张留民，吕宝奇，林蒙恩，2014. LIDAR 标准数据格式（LAS）的解析与处理. 测绘与空间地理信息，3705：

131，132，136.

张睿，张继贤，李海涛，2008. 基于角度纹理特征及剖面匹配的高分辨率遥感影像带状道路半自动提取. 遥感学报，12（2）：224-232.

张涛，刘军，杨可明，等，2015. 结合 Gram-Schmidt 变换的高光谱影像谐波分析融合算法. 测绘学报，44（9）：1042-1047.

张小红，刘经南，2004. 机载激光扫描测高数据滤波. 测绘科学，（6）：4，50-53.

张永军，吴磊，林立文，等，2010. 基于 LiDAR 数据和航空影像的水体自动提取. 武汉大学学报（信息科学版），35（8）：936-940.

赵凯，徐友春，李永乐，等，2018. 基于 VG-DBSCAN 算法的大场景散乱点云去噪. 光学学报，38（10）：370-375.

赵英时，2003. 遥感应用分析原理与方法. 北京：科学出版社：203-208.

郑伟，曾志远，2004. 遥感图像大气校正方法综述. 遥感信息，（4）：66-70.

周炳南，闵华松，康雅文，2018. PCL 环境下的 3D 点云分割算法研究. 微电子学与计算机，35（6）：101-105.

周志华，2016. 机器学习. 北京：清华大学出版社：121-139.298-300.

周志鑫，吴志刚，季艳，2008. 空间对地观测技术发展及应用. 中国工程科学，10（6）：28-32.

Ali Ozgun Ok，2013. Automated detection of buildings from single VHR multispectral images using shadow information and graph cuts. Isprs Journal of Photogrammetry & Remote Sensing，86（12）：21-40.

Axelsson P，2000. Generation from laser scanner data using adaptive TIN models. International Archives of Photogrammetry and Remote Sensing，33（B4）：110-117.

Chavez P，Sides s C，Anderson J A，1991. Comparison of three different methods to merge multiresolution and multispectral data：Landsat TM and SPOT panchromatic. Photogrammetric Engineering and Remote Sensing，57（3）：295-303.

Cici Alexander，Sarah Smith-Voysey，Claire Jarvis，et al，2009. Integrating building footprints and LiDAR elevation data to classify roof structures and visualise buildings. Computers，Environment and Urban Systems，33（4）：285-292.

Courtrai L，Lefèvre S，2016. Morphological path filtering at the region scale for efficient and robust road network extraction from satellite imagery. Pattern Recognition Letters，83（2）：195-204.

Cowen J，Jensen R，Hendrix C，et al，2000. A GIS-assisted rail construction econometric model that incorporates Lidar data. Photogrammetric Engineering and Remote Sensing，66：28-1323.

Davenport J，Bradbury B，Anderson A，et al，2000. Improving bird population models using airborne remote sensing. International Journal of Remote Sensing，21：17-2705.

Chen Dong，Zhang Liqiang，Li Jonathan，et al，2012. Urban building roof segmentation from airborne lidar point clouds. International Journal of Remote Sensing，33（20）：6497-6515.

Dubayah R，Drake B，2000. Lidar remote sensing for forestry applications. J Forest，98：44-46.

Emon Kumar Dey，Mohammad Awrangjeb，Bela Stantic，2020. Outlier detection and robust plane fitting for building roof extraction from LiDAR data. International Journal of Remote Sensing，41（16）：6325-6354.

Ester M，Kriegel H P，Xu XX，1996. A density-based algorithm for discovering clusters a density-based algorithm for discovering clusters in large spatial databases with noise. International Conference on Knowledge Discovery and Data Mining，Oregon：226-231.

Rottensteiner F，Briese C，2002. A new method for building in urban areas from high-resolution LIDAR data. International Archives of Photogrammetry Remote Sensing and Spatial Information Sciences，34（3/A）：295-301.

Fauvel M，Benediktsson J A，Chanussot J，et al，2008. Spectral and spatial classification of hyperspectral data using SVM and morphological profiles. Geoscience and Remote Sensing，46：3804-3814.

Fawcett Tom，2006. An Introduction to ROC Analysis. Pattern Recognition Letters，27（8）：861-874.

Flood M，Gutelius B，1997. Commercial implications of topographic terrain mapping using scanning airborne laser radar. Photogrammetry Engineering and Remote Sensing LXIII：29-363.

Gallego F J，et al，2014. Efficiency assessment of using satellite data for crop area estimation in Ukraine. International Journal of Applied Earth Observation and Geoinformation，29：22-30.

Gallego J，Carfagna E，Baruth B，2010. Accuracy objectivity and efficiency of remote sensing for agricultural statistics. Agricultural Survey Methods：193-211.

Gangkofner U G，Pradhan P S，Holcomb D w，2008. Optimizing the High-Pass Filter addition technique for image fusion. Photogrammetric Engineering & Remote Sensing，74（9）：1107-1118.

Gerke M，Xiao J，2014. Fusion of airborne laser scanning point clouds and images for supervised and unsupervised scene classification. Isprs Journal of Photogrammetry & Remote Sensing，87（1）：78-92.

Woo H，Kang E，Wang Semyung，et al，2002. A new segmentation method for point cloud data. International Journal of Machine Tools and Manufacture，42（2）：167-178.

Hedman K，Hinz S，Stilla U，2007. Road Extraction from SAR Multi-Aspect Data Supported by A Statistical Context-Based Fusion. Urban Remote Sensing Joint Event，2007.

Hermosilla Ruiz，2011. Efficiency of context-based attributes for land-use classification of urban environments. ISPRS Hannover Workshop：High-Resolution Earth Imaging for Geospatial Information. Geo Environmental Cartography and Remote Sensing Research Group，(4)：3819.

Hu J，Razdan A，Femiani J C，et al，2007. Road Network Extraction and Intersection Detection From Aerial Images by Tracking Road Footprints. Geoence & Remote Sensing，45（12）：4144-4157.

Hu，Xiangyun，Shen，et al，2013. Local Edge Distributions for Detection of Salient Structure Textures and Objects. Geoscience & Remote Sensing Letters，10（3）：466-470.

Huang X，Zhang L，2009. Road centreline extraction from high-resolution imagery based on multiscale structural features and support vector machines. International Journal of Remote Sensing，30（8）：1977-1987.

Inglada J，2007. Automatic recognition of man-made objects in high resolution optical remote sensing images by SVM classification of geometric image features. Isprs Journal of Photogrammetry & Remote Sensing，62（3）：236-248.

Zhang J，Lin X，Ning X，2013. SVM-based classification of segmented airborne LiDAR point clouds in urban areas. Remote Sensing，5（8）：3749-3775.

Jozdani S，Chen D，2020. On the versatility of popular and recently proposed supervised evaluation metrics for segmentation quality of remotely sensed images：An experimental case study of building extraction. ISPRS Journal of Photogrammetry and Remote Sensing，160：275-290.

Kass M，Witkin A，Terzopoulos D，et al，1988. Snakes：Active Contour Models. International Journal of Computer Vision，1（4）：321-331.

Kilian J，Haala N，Englich M，1996. Capture and evaluation of airborne laser scanner data. International Archives of Photogrammetry and Remote Sensing，31（B3）：383-388.

Konstantinidis D，Stathaki T，Argyriou V，et al，2017. Building Detection Using Enhanced HOG-LBP Features and Region Refinement Processes. Selected Topics in Applied Earth Observations and Remote Sensing，10（3）：888-905.

Krabill W，Thomas H，Martin F，et al，1995. Accuracy of airborne laser altimetry over the Greenland ice sheet. International Journal of Remote Sensing：16，22-1211.

Kreslavsky M，Head J，1999. Kilometerscale slopes on Mars and their correlation with geologic units：initial results from Mars Orbiter Laser Altimeter（MOLA）data. Journal of Geophysical Research 104，24-21911.

Cheng L，Zhao W，Han P，et al，2013. Building region derivation from LiDAR data using a reversed iterative mathematic morphological algorithm. Optics Communications，286：244-250.

Le N D，Zidek J V，2006 . Statistical analysis of environmental space-time processes. Springer Science & Business Media：101-134.

Lee Y J，Mangasarian O L，2001. SSVM：Smooth Support Vector Machine for Classification. Computational Optimization and Ap plication，20（1）：5-22.

Licciardi G，Pacifici F，Tuia D，et al，2009. Decision fusion for the classification of hyperspectral data：Outcome of the 2008 GRS-S data fusion contest. Geoscience and Remote Sensing，47：3857-3865.

Lindenberger J，1993. Laser profil messungen zur topographischen gelandeaufnahme（in Germany）. Stuttgard：Stuttgard University：131.

Hanson M A，1981. On sufficiency of the Kuhn-Tucker conditions. Journal of Mathematical Analysis & Applications，80（2）：545-550.

Awrangjeb M，Fraser C S，2014. Automatic segmentation of raw LiDAR data for extraction of building roofs. Remote Sensing，6（5）：3716-3751.

Rahman M M，Csaplovics E，2007. Examination of image fusion using synthetic variable ratio（SVR）technique. International Journal of Remote Sensing，28（15）：3413-3424.

Tushir M，Srivastava S，2016. Exploring different kernel functions for kernel-based clustering. International Journal of Artificial Intelligence & Soft Computing，5（53）：177-193.

Mallat S G，1989. A theory for multiresolution signal decomposition. Pattern Analysis and Machine Intelligence，7（11）：674-693.

Mallat S G，1989. Multifrequency channel decomposisions of images and wavelet models. Acoustics Speech and Signal Processing：37.

Alonso María C，Malpica José A，2008. Classification of multispectral high-resolution satellite imagery using LiDAR elevation data. International Symposium on Advances in Visual Computing，5359：85-94.

Masayu Norman，Helmi Zulhaidi Mohd Shafri，Mohammed Oludare Idrees，et al，2020. Spatio-statistical optimization of image segmentation process for building footprint extraction using very high-resolution World-View 3 satellite data. Geocarto International，35 (10)：1124-1147.

Matrosov S，Heymsfield A，Kropfli R，et al，1998. Comparison of ice cloud parameters obtained by combined remote sensor retrievals and direct methods. Journal of Atmospheric and Oceanic Technology，15：96-184.

McArdle S，Farrington G，Rubinstein I，1999. A preliminary comparison of flood risk mapping using integrated remote sensing technology to aerial photography. In Proceedings，Fourth International Airborne Remote Sensing Conference and Exhibition，6：16-23.

Meng，Wang，Rdenas SILV N-C，et al，2009. A multi-directional ground filtering algorithm for airborne LiDAR. Photogrammetric Engineering and Remote Sensing，64 (1)：117-124.

Mohammadi，Samadzadegan，Reinartz，2019. 2D/3D information fusion for building extraction from high-resolution satellite stereo images using kernel graph cuts. International Journal of Remote Sensing，40 (15)：5835-5860.

Mohammadi Mahmoud，Nastaran Mahin，Sahebgharani Alireza，2016. Development application and comparison of hybrid meta-heuristics for urban land-use allocation optimization：Tabu search genetic GRASP and simulated annealing algorithms. Computers environment and urban systems，60：23-36.

Movaghati S，Moghaddamjoo A，Tavakoli A，2010. Road extraction from satellite images using particle filtering and extended Kalman filtering. Geoscience & Remote Sensing，48 (7)：2807-2817.

Niemeyer J，Rottensteiner F，Soergel U，2013. Classification of urban Li DAR data using conditional random field and random forests. Urban Remote Sensing Event：139-142.

Pesaresi M，Gerhardinger A，Kayitakire F，2009. A Robust Built-Up Area Presence Index by Anisotropic Rotation-Invariant Textural Measure. Selected Topics in Applied Earth Observations and Remote Sensing，1 (3)：180-192.

Petropoulos P，Kalaitzidis C，Prasad Vadrevu K，2012b. Support vector machines and object-based classification for obtaining land-use/cover cartography from Hyperion hyperspectral imagery. Computers and Geosciences，41：99-107.

Petropoulos P，Arvanitis K，Sigrimis N，2012a. Hyperion hyperspectral imagery analysis combined with machine learning classifiers for land use/cover mapping. Expert Systems with Applications，39：3800-3809.

Pfeifer N，Reiter T，Briese C，et al，1999. Interpolation of high quality ground models from laser scanner data in forested Areas. International Archives of Photogrammertry and Remote Sensing，32 (3/W14)：31-36.

Richter M，Behrens J，2013. Object class segmentation of massive 3D point clouds of urban areas using point cloud topology . International Journal of Remote Sensing，34 (23)：8408-8424.

Rottensteiner F，Jansa J，2002. Automatic extraction of buildings from Li DAR data and aerial images. Proceedings of the ISPRS Commission Ⅳ Symposium in Ottawa，International Archives of Photogrammetry and Remote Sensing，XXXIV/4：569-574.

Sagi Filin，Norbert Pfeifer，2005. Segmentation of airborne laser scanning data using a slope adaptive neighborhood. Photogrammetry and Remote Sensing，60 (2)：71-80.

Schreier H，Lougheed J，Tucker C，et al，1985. Automated measurements of terrain reflection and height variations using an airborne infrared laser system. International Journal of Remote Sensing：6：13-101.

Scott J，Symons J，1971. Clustering methods based on likelihood ratio criteria. Biometrics，27：387-397.

Sghaier M O，Lepage R，2017. Road extraction from very high resolution remote sensing optical images based on texture analysis and Beamlet transform. Selected Topics in Applied Earth Observations & Remote Sensing，9 (5)：1946-1958.

Shaban M，Dikshit O，2001. Improvement of classification in urban areas by the use of textural features：The case study of Lucknow City，Uttar Pradesh. International Journal of Remote Sensing，22：565-593.

Shao Yichen，Chen Liangchien，2008. Automated Searching of Ground Points from Airborne LiDAR Data Using A Climbing and Sliding Method. Photogrammetric Engineering and Remote Sensing，74 (5)：625-635.

Shi B Q，Liang J，Liu Q，2011. Adaptive Simplification of Point Cloud Using K-means Clustering. Computer Aided Design，43 (8)：910-922.

Shunlin Liang，Hongliang Fang，Mingzhen Chen，2001. Atmospheric correction of Landsat ETM + Land Surface Imagery PartI：Methods. Geoscience and Remote sensing，(39)：2490-2498.

Singh P P，Garg R D，2014. A two-stage framework for road extraction from high-resolution satellite images by using prominent features of impervious surfaces. International journal of remote sensing，35 (23-24)：8074-8107.

Sirmaçek，Beni，Ünsalan，et al，2009. Urban-area and building detection using SIFT keypoints and graph theory. Geoscience & Remote Sensing，47 (4)：1156-1167.

Stehman V，1997. Selecting and interpreting measures of thematic classification accuracy. Remote Sensing of Environment，62：77-89.

Tournaire O，Brédif M，Boldo D，et al，2010. An efficient stochastic approach for building footprint extraction from digital elevation models. Photogrammetry and Remote Sensing，65 (4)：317-327.

Turker M，Kocsan D，2015. Building extraction from high-resolution optical spaceborne images using the integration of support vector machine (SVM) classification，hough transformation and perceptual grouping. International Journal of Applied Earth Observation & Geoinformation，34：58-69.

Unsalan C，Sirmacek B，2012. Road Network Detection Using Probabilistic and Graph Theoretical Methods. Geoence & Remote Sensing，50 (11)：4441-4453.

Vapnik V，Cortes C，1995. Support-vector networks. Machine Learning，20：273-297.

Verburg P H，Overmars K P，2009. Combining top-down and bottom-up dynamics in land use modeling：exploring the future of abandoned farmlands in Europe with the Dyna-CLUE model. Landscape Ecology, 24 (9): 1167-1181.

Verma V, Kumar R, Hsu S, 2006. 3D building detection and modeling from aerial LIDAR data. IEEE Computer Society Conference on Computer Vision and Pattern Recognition . 2. 1.

Vosselman G, Maas H G, 2001. Adjustment and filtering of raw laser altimetry data. Proceedings of OEEPE Workshop on Airborne Laser Scanning and Interferometric SAR for Detailed Digital Elevation Models, 40: 62-72.

Vosselman G, 2002, Fusion of laser scanning data maps and aerial photographs for building reconstruction. Geoscience and Remote Sensing Symposium and the 24th Canadian Symposium on Remote Sensing, Toronto: 85-88.

Vosselman G, 2000. Slope based filtering of laser altimetry data. International Archives of Photogrammetry and Remote Sensing, 33 (B3): 935-942.

Vrabel J, 2000. Multispectral Imagery Advanced Band Sharpening Study. Photogramme-tric Engineering & Remote Sensing, 66 (1): 73-80.

Zhang W, Wang H, Chen Y, et al, 2014. 3D building roof modeling by optimizing primitive's parameters using constraints from LiDAR data and aerial imagery . Remote Sensing, 6 (9): 8107-8133.

Walklate P J, Richardson G M, Baker D E, et al, 1997. Shortrange LiDAR measurement of top fruit tree canopies for pesticide applications research in the UK. Proceedings of SPIE-Advances in Laser Remote Sensing for Terrestrial and Oceanographic Applications: 51-143.

Wang J, Yang X, Qin X, et al, 2014. An Efficient Approach for Automatic Rectangular Building Extraction From Very High Resolution Optical Satellite Imagery. Geoence & Remote Sensing Letters, 12 (3): 487-491.

Wang W J, Xu Z B, Lu W Z, 2003. Determination of the Spread Parameter in the Gaussian Kernel for Classification and Regression. Neurocomputing, 55 (3-4): 643-663.

Weihua Sun, Bin Chen, David W, 2014. Nearest-neighbor diffusion-based pan-sharpening algorithm for spectral images. Optical Engineering, 53 (1): 13, 107.

Shi Wenzao, Mao Zhengyuan, Liu Jinqing, 2019. Building extraction and change detection from remotely sensed imagery based on layered architecture. Environmental Earth Sciences, 78 (16): 523.

Kaufman Yoram J, Didier Tanré, 1996. Strategy for direct and indirect methods for correcting the aerosol effect on remote sensing: From AVHRR to EOS-MODIS. Remote Sensing of Environment, 55 (1): 65-79.

Young M, 1986. Optics and lasers: including fibers and optical waveguides. Berlin: Springer Verlag, 31: 191-195.

Zhou ZeMing, Ma Ning, Li Yuanxiang, et al, 2014. Variational PCA fusion for Pan-sharpening very high resolution imagery. Science China (Information Sciences), 57 (11): 1-10.

Zhan B, Wu Y, 2010. Infrared Image Enhancement Based on Wavelet Transformation and Retinex. International Conference on Intelligent Human-machine Systems & Cybernetics: 313-316.

Zhang K，Chen S C，Whitman D，et al，2003. A progressive morphological filter for removing nonground measurements from airborne LiDAR data. Geoscience and Remote Sensing，41（4）：872-882.

Zhang W，Chen Y，Wang H，et al，2016a. Efficient registration of terrestrial LiDAR scans using a coarse-to-fine strategy for forestry applications. Agricultural and Forest Meteorology，（225）：8-23.

hang W，Qi J，Wan P，et al，2016b. An easy-to-use airborne LiDAR data filtering method based on Cloth Simulation. Remote Sensing，8（6）：501.